JN185194

上を向いて話そう

桝井論平

目次

はじめに　6

第1部　人はなぜ、話をすると幸せになるのか　9

STAGE Ⅰ　アクション編　ネット時代だからこそコトバを大切に！　10

1　今、コトバへの意識が問われている
2　会話の基本はキャッチボール
3　生きることは表現すること
4　日本語って、スゴイ！
5　それでも世界で一番は英語

MMatsuike

STAGEⅡ　チャレンジ編　誰でもみるみる上達する話術 40

6　話術の基本は「何を」「どう」
7　自問自答のすすめ
8　キミの声が聞きたい！
9　キミのからだは最高の楽器
10　目標は「アー」で30秒
11　最初の試練は「ア・イ・ウ・エ・オ」
12　母音に甘える子音たち
13　ありがとう「アクセント辞典」クン
14　敬語って、あったかいんだ！

STAGEⅢ　エンジョイ編　自分流を磨こう！　98

15　人はなぜ話すのか
16　最初のコトバは「いやだ」
17　キミのキャラにはロマンがいっぱい
18　自分流を磨こう！
19　笑顔は世界の〝幸せ共通語〟
20　人生は、人と人とのふれあい祭り

第2部　アナウンサーってなんだ　135

1　マイクロフォンのイン&アウト　136
ロンペーの断章的アナウンサーライフ綴り

seki

2
入社試験が運命の出会いだった 156
「久米宏 ラジオなんですけど／ゲストコーナー」再録
【参考資料】ニュースキャスターのオトシマエ 180
2004年5月19日 ロンペー・ブログより

3
〝ロンペー〟グラフィティ 184
語る、書く、盛り上げる、いつも「あったかい心」で

リスナーたちの解説 194
「ロンペー節」賛歌／冬崎流峰
論平さんと私／駒井邦彦
ささやかな製作ノート／小島宣明

この本はこんな思いで書かせてもらいました 214

yamada

はじめに

やあ、こんにちは！　ロンペーです。キミとは「初めまして」だね。よろしくね。

この本は、ボクがキミの幸せを願って書いた「話術」の本です。少しでも役に立てたら嬉しいなあ。

ボクは小学生の時、教室で一度も手をあげたことがないんだ。答えはわかっているんだけど、怖くて「ハイ」と言えなかったんだね。それでも先生に指名されると、顔が真っ赤になって、口の中がカラカラになって、声が出せなくなって、下を向いてもじもじしているだけだったんだ。もう泣きたいような気持ちだったね。

今にして思うと、「あ、みんなに見られている」っていう意識がすごいプレッシャーになって、自分をがんじがらめにしていたんだね。自意識過剰っていうのかな。回りは誰もそんなに気にしていないのに、異常に気にしていると思いこんじゃう、そういう性格だったんだ。

その性格は今も変わりません。でもそれが今は真逆になって、自分が話をする時に、人が沢山いればいるほど「快感!」って嬉しがる人になっちゃったんだ。

それでわかったの。

そうか、引きこもり人間と出たがり人間は、同じ人間のなかにあるウラとオモテの性格なんだ。人間ならば、きっと誰もが持っている二つの可能性なんじゃないだろうかってね。みんなでいると楽しいし、一人でいるとホッとする。人間は両方ないとだめなんだ。その二つをバランスよく保つために必要なものは何だろう。それは人と話をすることが決して怖いことじゃなくて、うんと楽しいことなんだと自分に自信を持って、前向きに人と接することができるような「話術」を身につけることじゃないだろうか。

それは、ボクが、小学生時代を大反省して、大学の時に弁論部に入って演説の勉強をして、それから放送局のアナウンサーになって、何十万、何百万の人を相手に話をするようになって、色々と自己改造しながら少しづつわかってきたことなんだ。

人間は一人では生きられない。だったらいろんな人と話をして、人生を充実させることができたらいいね。そういう気持ちでこの本を書きました。タイトルは「上を向いて話そう」。そう、誰でも知っている永六輔さんの、あの名曲から引用させていただきました。僕たちはいつも、ひとりぼっちで寂しい時「上を向いて歩こう」というあの歌の力に励まされて、悲しみを乗り越え、人生を前向きに見つめなおそうと、勇気を持って一歩前に踏み出すことができました。「話す」ということで、それができないだろうか。ＴＢＳラジオで色々お世話になった永六輔さんに捧げる思いも込めて、こういうタイトルにさせていただきました。

読んでいるうちに、キミがどんどん元気になってくれたらもう最高。

さあ、一緒に、人生、楽しくやろうぜ。

ロンペー

第1部

人はなぜ、話をすると幸せになるのか

STAGE Ⅰ

アクション編
ネット時代だからこそコトバを大切に！

1 今、コトバへの意識が問われている

冒頭からアクションをかけます。

さあ、「コトバの世界」に新しい革命の季節がやってきました。

１９６９年７月20日は、人類が初めて月面に着陸して、衝撃の第一歩を踏み出した日です。それは、人類が長年の間、夢見てきたロマンが現実になり、その現実がまた新たなロマンを生み育てていくという、まさに人類にとって新しい時代の幕開けを告げる第一歩でもありました。

この夢を実現した偉大な原動力こそが、コンピュータを駆使した科学技術です。コンピュータは人類が今まで想像もできなかったような次元の高みへ、私たちを連れてきてく

れました。

そして、なんとその先に、今キミがポケットに入れている「タブレットやスマホ」があるんだとしたら、どうだろう。キミの「タブレットやスマホ」は、そのまんま宇宙につながっていると言ってもいいんだ。人と人とのつながりの輪が、一気に爆発的な広がりで展開する「ネット社会」へ、誰もが簡単に足を踏み入れることができるようになりました。電車の中で、みんな指を駆使してネット社会と付き合っている。ボクが若かった頃には信じられないような風景がそこにある。

「ネット社会」の「ネット住民」になると、どういうことが起きるか。

顔も見えない、声も聞こえない、年齢や職業や性別さえも一切関係ない不特定多数の相手に向かって、キミは、キミ自身が今思っていることを自由に発信することができる。すると、すぐに、同じネット住民の誰かさんから、〝いいね！〟なんていうリアクションが来る。あ、誰かが読んでくれたんだ、と思っているうちに、まあ、来るわ、来るわ。あっちからもこっちからも〝いいね！〟反応がどんどん来る。おお、嬉しいね。キミは〝やった、やった！〟といい気分になる。けれど時にはキミの意見に反対で〝バカヤロー〟なんていうのが殺到して、遂には「炎上」なんてことになったりもするんだ。でも、それもまた〝やったぜ！〟で、キミはますます「ネット社会」にのめりこんでいく。

ボクはラジオのアナウンサーだった。顔の見えない相手に向かって話をするのが仕事でした。聞き手は、ボクがどういう人間かしっかりわかっているし、実際にボクの生の声を聞いていました。お便りというリアクションもあったし、ボクからしてみれば一方通行だったけど、お互いに生身の人間なんだと確認できる交流でした。

けれど、ネット社会の交流は、ただ、ただ、コトバ、コトバ、コトバだけの交流で、もうピリピリ、ピリピリ。ひたすらコトバだけにすがって、つながっている世界なんだね。だから、かえって、ひと言、ひと言のコトバが、リアルにストレートに人の心に踏み入ってくる。

実際に会って話をすると、すごくおとなしい人が、「ネット」の中では、思い切り乱暴なコトバを大胆に使って、まるで、普段我慢していることを「ネット」に向かって自分の感情を叩きつけたりするんだね。怖いなあ。もっと言うと、そういうことを気楽な気分で面白がってやっちゃう。人をコトバで傷つけて平気なんだ。

「ネット」を使うと、まるで知らなかったような人たちと、新しいつながりを持てるようになる。それから、自分を取り巻く人間関係をやわらかくほぐす潤滑油（じゅんかつゆ）としての役割もあって、みんなに同時に「ありがとう」なんて発信できる。素晴らしいことだよね。でも、異常に相手のコトバに敏感になって「いいね！　仲間」にだけはべったりとくっつくけど、そうじゃない相手は「敵」とみなして、一斉攻撃したりするんだ。悲しいね。「いいね！仲間」だって、何がいいのか、どういいのか、一人ひとり違うはずだよ。

「タブレットやスマホ」は、情報交換や情報収集、また楽しいゲームなどの道具として、今や欠くことのできない必需品だよね。それをコトバを発信するという視点からみると、ホントに明るい世界なのか、出口のない闇の世界につながっているのかという疑問もある。「ネット時代」に生きる私たちみんなが、それぞれに解決しなければならない宿題になってきているともいえるんだね。

アドバイスするとすれば「コトバに対して、普段からしっかり意識しておきなさい」ということかなあ。

この先は、もう新しい時代を担うキミたちの問題。ぜひ「ネット」とよい友だちになって、楽しい交流の場を広げていってください。

2 会話の基本はキャッチボール

「ネット時代」になったからと言っても、なんたって、普段みんなでワイワイおしゃべりしている時ほど楽しいことはないよね。盛り上がっている時はいいんだけど、なぜか急に話のネタがなくなっちゃって、シーンとしらけた雰囲気になったりすることはありませんか。みんなでいれば誰かがまた何か言うけど、これが二人っきりだったりすると、辛いことになる。お互い気まずく押し黙ったままで、もじもじするだけだったりね。

とくに、話す相手が目上の人だったり付き合いの浅い人だったりすると、余計ストレスになって、「ああ、どうしよう、どうしよう、何をしゃべったらいいんだ、誰か助けて」ってなるよね。

よーし、わかった。

そういう時に、全然あわてないで、ぺらぺらおしゃべりができる「魔法のコトバ」を教えちゃおう。

〝えーっ！　そんな便利なコトバなんてあるの？〟とキミは言うかもしれないね。

実は、あるんだ。誰とでも楽しくお話ができるようになる「魔法のコトバ」。まあタネ明かしをすると、なーんだと思うかもしれないんだけどね。でもこれが意外と役に立つ、まさに実戦向きの賢いコトバなんだ。

「会話」というのは、話す相手との間で、お互いの「好奇心」と「連想力」がバッチリ噛み合ったところで、最高に盛り上がってくるんだよね。

——えーっ！　どうして、どうして？

——そうそう、そうなのよお。

なんて感じだね。わかるでしょ。

じゃ、言うよ。

二人の話が急に途絶えて先に進まない。あーどうしよう、という時、お互いの「好奇心」を引っぱり出す「魔法のコトバ」。

その①は「それにしても」。まずはこのコトバを、しっかり覚えておいてください。

——それにしても、きのうのサッカーの試合は…。

——それにしても、ゆうべのテレビのお笑い番組は…。

——それにしても、中間テストは…。

――それにしても、今度の先生は…。

何でもいいんだ。話が先に進まなくなったら、キミが関心あることに「それにしても」をくっつけて、次から次へと言ってみる。そうすると、必ずどこかで相手の好奇心とぶつかって、

――そうそう、あれね。ってかんじで、お互いに話題がパチンとはじけて、また話が盛り上がってくるわけ。つまり「それにしても」は、共通の話題を引っぱり出すための「魔法のコトバ」なのであります。

次にお互いの「連想力」を刺激して話をつなげていく「魔法のコトバ」。

その②は「そういえば」。これも覚えてね。

――そういえば、昨年の今頃は…。

――そういえば、あの時は…。

――そういえば、先生が言ってた。

――そういえば、アイツどうしてる？

「そういえば」で、次々と連想して、どんどん攻めちゃうんだ。なんかいけそうな気になるでしょ。何よりも、人と話をするのが怖くなくなるっていうのが大事なんだ。

誰もがみんな、からだの中に、その人だけにしかない思い出がいっぱい詰まっているんだ。ちっちゃい時にこんなことがあった。卒業の時はこんなことがあった。あの時は楽しかった。あの時は怖かった。あの時はチョー恥ずかしかった。あの人との出会いと別れ。もう、その人だけにしかない喜びや悲しみが沢山あって、誰もがみんな話せば話すほど、味わい深い会話ができるんだ。それを信じて、魔法のコトバをうんと有効に使って、人と人とのお付き合いをおおいに楽しんでください。

これは、作家の伊集院静さんが、「野球という課外授業で学んだこと」と題する講演会で話していることなんだけど、とてもいい話なので、ちょっとご紹介させていただきます。

（2007年3月18日付　毎日新聞より）

ある時、長嶋茂雄さんとお話していて、こう質問したそうです。「子どもたちにどうやって野球を教えていったらいいでしょうか」すると、長嶋さんの答えはこうでした。「それは、キャッチボールです。キャッチボールの基本は、相手の胸に向かって投げることと、それは、捕りやすいボールを投げるということです。なぜ捕りやすいボールを投げるかというと、キャッチボールというのは連続性が大事だからです。捕って終わるのではなくて、捕ってから相手に投げ返して、そしてまた受けるわけです。これは大リーグでも同じです。そして、キャッチボールの面白いところは、暴投した方がボールを拾いに行くのではなくて、受ける方が〝いいよ、いいよ〟と言って捕りに行く。それで投げた方は〝ごめん〟と言いながら、この次はいいボールを投げなくちゃと考える」。

長嶋さんは、それが「会話」だと言っています。野球をやっている人はよくわかると思いますが、伊集院さんもキャッチボールで交わされた会話はずっと心に残るものだと語っています。

なるほど、そうなんだ。

キャッチボールというのは、捕ったら終わりじゃなくて、捕ってから相手に投げ返して、また受ける。それを長く続けるということ。ボールの代わりに、コトバを相手の胸に向かって投げる。お互いに受け止めやすいよう、やわらかく、心のこもったコトバを投げ合う。こう言い換えたらどうでしょう。そう、それこそがまさに「会話の基本」。私たちの普段の会話の真髄(しんずい)を見事にとらえているのではないでしょうか。

なんか、キャッチボール、したくなったよね。

3 生きることは表現すること

キミは、キミが周りの人たちからどう思われているかってこと、気にならないかい。少しは気になる？　ＯＫ！　それでいいんだ。すごく気になる人もいれば、あまり気にならない人もいると思うけど、そういう程度の差はあっても、家の中にいる時と、いざお出かけっていう時とでは、やっぱり違うよね。

それは、もう、朝起きて〝さあ、今日は何を着ていこうかな〟ってところから始まっているんだ。女の子だったら、ヘアスタイルも気になるかもしれないね。それから、今日のスケジュールをチェックして、お昼は何を食べようか、部活では何をしようか、学校が終わったら何をして遊ぼうか、友だちとはどういう話をしようか、なんて考えながら家を出る。

例えば、こんな気持ちになったことはないかな。ある日、ある時、ある瞬間に、それまであまり気にならなかったのに、急に〝その人〟のことが気になりだして、夜、寝る時もその人の顔ばかりが浮かんでくる。翌日、教室で顔を合わせたりしたら、ちょっとこっちを見られただけで、もう心臓がドッキンドッキンしてきちゃう。そう、キミは恋をしたんだ。でも、二人きりで会う勇気なんてとてもない。少し離れたところから、じっと憧れているだけ。おお、それこそ立派な「片思い」じゃん。

そうやって、キミは、毎日の生活の中で、自分自身の存在をどうアピールし、どう表現したらいいのか、あれこれ意識しながら過ごしているんだ。だから、毎日を生きるということは、その時、その場で、いかに満足できる自分をアピールし、表現できたかということでもあるんだね。もっと、ハッキリ言うと、生きることはイコール表現することと言ってもいい。

人は誰も自分自身を抱きしめながら、自分が目指す夢に向かって、どうしたら、そういう自分を表現できるか、毎日毎日闘（たたか）っている。その過程こそを「人生」と言うんじゃないだろうか。

やがて成長したキミは、自ら志した「仕事」を通じて、社会に貢献し、今度こそバッチリ恋をしてめでたく結婚にゴールイン、しっかりと自分自身の世界を完成してゆく。そう、まさに人生は、そういうキミ自身が自らの手で創り上げる総合作品なのだ。

ボクは、よく近所の市民会館の中にある付属図書館に行くんだけど、そこの公民館は、市民の皆さんのサークル活動がとても盛んで、陶芸の会や俳句の会、ダンスクラブにコーラスグループ、そして絵画展と、まあいろんなサークルがあって、お年寄りや女性の皆さんが楽しそうに活動しています。キミのおじいちゃんやおばあちゃんはどうしてるかな。そういう集まりの素晴らしいところは、そうやって自分たちのやりたいことを、お互いに切磋琢磨しながら、実現してゆくということ。それは、今、キミたちが「学校」でやっていることと同じなんだけど、ボクのようにトシを取って世の中の活動から一歩後退してリタイアすると、もうやることがないんだ。そういう人は、せいぜいがお孫さんの遊び相手だね。それじゃいけない。そこで、こういうサークル活動に加わって、また新しいライフワークに挑戦していく。中には自分のからだの病気と闘っている人もいるよね。自分なりに表現してきた人生を、どうまとめて一生を終わるか。これはトシを取ってくるとね、とても大事なテーマになってくるんだ。もちろん、キミの人生はこれからが本番なんだから、そんなこと考えなくてもいい。トシを取ればそうなるってことだけ、ちらっと意識してくれていればいいんだ。

そして自分が今、取り組んでいる「仕事」。キミの場合は「勉強」かな。

自分が今、研讃している「技術」や「技能」。これは将来もずっと続くね。さらに自分が今、運営に関わっている「事業」。また、自分が今、楽しんだり学んだりしている「趣味」や「娯楽」も入るかな。

そういうことの一つひとつが、すべて生きていく上での自己表現につながっていると言っていいわけなんだ。

そして、その中で、自分はこういう人間だと、キミを、取り巻く周りのみんなにわかりやすく表現するいちばんの手段は何か。それこそが、おしゃべり「話術」なんじゃないだろうか。キミが何を言うか、キミが何を話すか「世界」がそれを待っている。楽しみにしている。そう考えるとすごいじゃん。

キミがどんな声を出すか、どんな口調で話すか、どんなジェスチャーをするか、その時キミがどんな顔をしているか、みんなが見つめている。

「よし！」だよね。ノリノリでしゃべって大ウケだったらもう最高。そうやって、キミの「話術」のレベルがアップしてくると、今度は気持ちもどんどん前向きになってきて、生きることがうんと楽しくなってくる。それから、人によっては「自分の話術」を世の中のために役立てたいって人も現れてくるんだね。政治家だったり、学校の先生だったり、もしかしてお笑いだったり、アナウンサーだったりね。

でも、みんなの前で話をするには、言いたいことが伝わらなかったら何にもならないから、しっかり声を出して、聞き取りやすい発音をして、相手にキチンと伝わるようにする。あとは、言いたいことの中身をわかりやすく伝える工夫をすること。まさに「表現」の力が試されるわけだ。そういうことを毎日の生活の中で色々と勉強をして、少しづつ積み上げていけばいいんだ。大丈夫、キミならできる。

ずっと誰とも話さないでいたり、誰からも話しかけられなかったりすると、どんな気持ちになるだろう。わかるよね。とてもさびしい気持ちになるね。でも、それは、真の意味での「孤独」というのとは違うんじゃないかとボクは思うんだ。孤独というのは、今、自分は独りでいて、自分の心と静かに向き合っていたいという、強い思いのことを言うんじゃないだろうか。ボクの好きな世界だ。座禅をして心を鎮（しず）めるのも同じだと思う。それは、人間として成長していく上で、すごく大切なことだと思うんだ。そのあとで、「さあ、じゃ、ちょっと誰かと会って気晴らしでもしてくるか」と思った時に、周りにそういう相手がいないと気がつくと、人間はすごくさびしい気持ちになっちゃう。ああ、誰かと話したい、誰でもいいから話したいと思った時に、人と話をするってことがどんなに大事なことかわかるんだ。そういう時は、たった一本の電話、たったひと言のメールでも、一日中、幸せな気分でいられたりするんだよね。

ボクはアナウンサーだったから、「話す」のが仕事だった。だから、かえって、「話さない」でいる時間をとても大切にしたんだ。普段、あまり話さないでいる人は、逆に「話す」時間の楽しみを、ぜひ大切にしてください。

今、キミは、いろんな可能性を持って生きている。これをしたい、あれをしたいという夢や希望がキミのからだの中にいっぱい詰まっている。まさにキミは、チャレンジの真っ最中。うまくいかなくて、悔し涙を流すこともある。でも、そういうものを一つひとつ乗り越えて、キミという人間ができあがっていくんだ。

人類の進歩は、科学や芸術文化、あるいはスポーツの分野も含めて、様々な人の優れた「表現」の成果に支えられてきたと言ってもいい。さあ、まずは、しっかりと声を出して話をしよう。

4 日本語って、スゴイ！

こういうタイトルをつけてみました。「スゴイ」は「凄い」でも「すごい」でもいいはずなんだけど、漢字で「凄い」って書くと、なんかおどろおどろしいでしょ。平仮名(ひらがな)の「すごい」は迫力ありません。片仮名(かたかな)の「スゴイ」のほうが〝わあ、面白い〟って感じがして、カッコイイじゃん。日本語って、たったひと言でもこれだけ雰囲気が違っちゃうんだ。

それから、「日本語って」という言い方も、「日本語は」でもいいのに、わざと「日本語って」と書いたの。この方が〝日本語というものは、なんてまあ色々あるんでしょう〟みたいな気分が込められていると思いませんか。

初め、日本には字がなくて、話すコトバに中国から伝わった漢字をあてはめていたんだね。それが平安時代になって、まず、やわらかい女文字としての平仮名が成立したんだ。そして、女性の作者を中心に一気に物語文学が花開き、「源氏物語」などの名作が生まれました。

一方で片仮名は、同じ頃、お坊さんが漢文の経典を読むためのルビ用の文字として誕生したんだそうです。そういうわけで日本語には漢字があって、平仮名があって、片仮名がある。書く文字だけでもこんなに豊かなんだ。

さらに漢字の読み方も音読みと訓読みがあって、もっと大変身する字もいっぱいあるんだ。例えば、お日さまの「日」という字。並べてみるよ。「一日」――これは「イチニチ」とか「ツイタチ」と読むね。まだまだいろんな読み方があります。

「今日」――キョウ、コンニチ
「明日」――アス、アシタ、ミョウニチ
「明後日」――アサッテ、ミョーゴニチ
「昨日」――キノウ、サクジツ
「一昨日」――オトトイ、イッサクジツ

人の名前で言うと
「日下」――クサカ

花の名前は
「向日葵」――ヒマワリ

「百日紅」――サルスベリ

先生の「生」の字も、

「生（う）まれる」「生（い）きる」「生（なま）ビール」「生（き）そば」。

もうキリがないよね。同じ字なのに、ちゃんとした読み方と、あとからくっつけた当て字と、もうゴチャまぜに使っているんだ。

そういう独特のセンスが、今、子どもの名前を付ける時に大活躍している。へえ、そういう読み方もあるのかって名前の人が、スポーツ選手の中にもいっぱいいてびっくりしちゃう。昔は、女性なら「○子さん」、男性なら「○男（雄、夫）さん」というのが当たり前だったんだけど、時代の流れとはいえ、もう誰も付けなくなっちゃった。これからは逆に、そういう名前の子のほうが目立ってことになるかもね。「佳子さま」ガンバレ！

ちなみに本屋さんで「赤ちゃんの人気名前ランキング」というのをチェックしてみたら、うわ、あるある。

男の子は「大翔（だいと、ひろと）」クン、「悠真（ゆうま）」クン、「翔（しょう）」クン、「颯太（そうた）」クン、「蓮（れん）」クン。女の子は「さくら」チャンに「陽菜（ひな）」チャン、「結愛（ゆあ）」チャン、「美桜（みお）」チャン、「結衣（ゆい）」チャン。

みんなカッコイイねえ。

出席をとる先生も覚えるのに大変だね。そうだ、キミの名前も知りたいなあ。

それから、英語じゃ「自分」のことを「I」って言うけど、日本語だと「私、ボク、オレ、オイラ、小生」。おばあちゃんなら「あたしゃねえ」。

「YOU」も「あなた」以外に、「キミ、おまえ、あんた」とか、まあめっちゃあるよね。日本人は、それを時と場合と相手によって自由に使い分けているんだ。

その上、日本には「女コトバ」というのがあって、男と女でコトバ遣いまで違うんだよね。「アラ、これいいわね」「そうなのよ」なんてね。

さらに「敬語」がからんでくるんだから、ますますわけがわからなくなっちゃう。

キミは生まれた時から日本語で話をして、日本語で読み書きをしてきたからあまり気にしないんだ。でも、外国の人からすると〝なんだこりゃ〟とびっくりするほど面倒くさいコトバってわけなんだ。そういう意味では、日本語は世界一複雑なコトバといえるかもしれないね。

では、なぜ日本語はこんなにバラエティ豊かで、奥が深いのか。いよいよ核心に近づいたね。

実は理由はハッキリしているんだ。

もしキミが外国の人から「日本というのはどういう国ですか」と聞かれたら、何て答える？　多分、こう言うはずだ。

「日本は細長い島国で、春夏秋冬、四季折々の季節の変化が豊かで、人々はそういう季節感を大事にして日々の暮らしを営んでいます」とね。

そういう細やかな季節の移り変わりの中で、日本人は一千年以上にわたって、日本人ならではの独特の美意識や感受性、生活の知恵をはぐくんできた。

日本人は昔から「口は禍（わざわい）のもと」と言って、用心深くしゃべったりしていました。ペラペラ、ズケズケものを言う相手をよく思わなく、かえって軽蔑（けいべつ）したりしていました。〝あいつは口がうまい、口が軽い、口が過ぎる、口が減らない、口うるさい、口が達者で信用できない〟とかね。

「言わぬが花」というコトバもある。ゴチャゴチャいわずに黙っていた方（ほう）が、お互いのためだってこと。「以心伝心」というコトバも。口に出していわなくても、お互いに心と心で通じ合っているよね、ということ。つまり、なるべく相手に合わせて和を乱さないようにするのがいいと考えたんだ。聖徳太子の教えにも「和を以（もっ）て貴（とうと）しとなす」というコトバがあります。だから「出る杭」は、すぐ打たれちゃうんだ。何かをコトバに出して言うことと、その時、実際はどう思っていたのかという心の動きとの関係が微妙に違ってたりしてたね。日本人はそういう面でも、やたら奥ゆかしいのでござる。

一方で、日本人ほど「風」や「月」や「雲」や「雨」の呼び方をたくさん持っている国民は、ほかにいないんじゃないかといわれています。

例えば「雨」の場合。

降り方によって大雨、小雨から俄雨、霧雨、驟雨、豪雨、通り雨に小糠雨、そぼ降る雨。季節ごとに、春雨、秋雨、菜種梅雨に本番の梅雨、五月雨に秋霖、時雨に氷雨。やっと降った恵みの雨は干天の慈雨。降る雨に人の心を映して、悲しい時の涙雨、無情の雨、肩に冷たい夜の雨。いかに日本人が季節ごとに降る雨に敏感だったかがよくわかります。「長崎は今日も雨だった」とか「城ヶ島の雨」とか雨の歌もいろいろあるから、何となくしみじみした時なんか、ボクはつい歌っちゃう。

そういう四季折々の変化に、人の世の喜びや悲しみを重ね合わせて生きてきた日本人ならではの感性を、五七五の十七文字のコトバに込めて完成された芸術が「俳句」の世界なんですね。

閑さや　岩にしみ入る　蝉の声　（芭蕉）

夏、山道を行く孤独な旅人の耳に、あたりを包みこむように響いてくる蝉の声。〃岩にしみ入る〃という表現が、かえって森の中の深い静寂を伝えています。

いいなあ。でも、これが外国の人からみると、えっ、ただうるさいだけじゃん。蝉の種類は何なの。とかってことになっちゃうんだ。もうガッカリだよ。

この句の素晴らしさが理解できる日本人で、ああ、よかったと思う。

もしキミが、日本語の世界をしっかりマスターしたいと思ったら、ぜひおすすめしたいものがあります。それは俳句のために季節を示すコトバ「季語」を集めた「俳諧歳時記」なんだ。

自分で俳句を作らなくてもいい。キミが人と話をする時に持っていて欲しい細やかな季節感、花鳥風月に対する情感、お祭りやお盆などの暮らしを彩る年中行事への思い。そういうもののヒントが、この「歳時記」にはいっぱい詰まっているんだ。ぜひ一冊、机の上に置いて、折にふれて開いてみてください。

キミが将来、本を書いたり、詩を作ったり、歌を唄ったり、結婚して子どもを育てる時にも、きっと役に立つと思います。

キミの人生と共にある「日本語」が、一段と磨き抜かれて輝いていくのを楽しみにしています。

いざ語らん　心にしみ入る　キミの声　（ロンペー）

5 それでも世界で一番は英語

どんなに日本語が素晴らしくても、今、世界で一番通用しているコトバは英語です。キミもガンバってるでしょ。英語をマスターすることによって世界中の人と話ができる。こんなに楽しいことはないよね。世界とのつながりがますます深くなっていくグローバルな時代には、その必要性が一段と高まってきています。

でも、なぜ、英語なんだろう。

問題は、ここです。

英語を話す国が、常に世界をリードしてきたという歴史的な背景はあるんだけど、実は英語ほど正確でわかりやすい言語体系を持っているコトバがほかにないってことが大きな理由なんじゃないだろうか、とボクは思っているんだ。

「I」と「YOU」しかないのに、なぜなんだ。キミとボク、あなたとわたし、オレとオマエ、日本語だといろんな言い方があるのに、なんで英語は、「I」と「YOU」しかないんだ。実はそこが大事なんだ。自分と相手のことは、どんな言い方をしたとしても、結局は「I」と「YOU」ってことになるではないか。まさに単純明快な原則です。だったら初めから、「I」と「YOU」でいいではないか。何よりも重要なのは、一人称としての「I」。そして向き合っている相手は二人称としての「YOU」。それ以外は、すべて三人称で決まりだ。

次は「YES」と「NO」。これも日本人が結構苦手にしているコトバなんだ。まず「キミはYESなのか、NOなのか」と質問された時に、パッと答えられない。

「和を以て貴しとなす」の日本人は、相手の気持ちも考えずに自分本位で「YES」とか「NO」とかストレートに言っちゃって果たしていいんだろうか、と一瞬思うんだ。

だから、何となく「YESといえばYES、NOといえばNOなんですけどねえ」なんて、わざとぼかして曖昧な言い方をするんだ。それで、みんながだいたい「YES」だったら、「そう、やっぱりYESだよねえ」なんてね。日本人の間では、そういう人の方が〝ものわかりがよくて、ふところが深い人だ〟とかえってほめられたりするんだから面白い。でも「英語」じゃ許してくれないからね。思ったとおり、ストレートに言っちゃえばいいんだ。

そういうふうに、相手にお構いなしに思ったことをズバズバ言うことを〝歯に衣着せぬ言い方〟って言うんだけど、今テレビのトーク番組で活躍しているタレントや、フリーのアナウンサーの中にもそういう人がいる。彼らのキャリアを見ると、やっぱり英語圏での生活を経験した人だったりするんだよね。

その上、日本語だと、言いたいこと、つまり動詞を、もごもごと最後にまわして言ったりするけど、英語だと、すぐに動詞がきて、言いたいことは最初にパッとハッキリ言っちゃうんだ。コトバの並べ方（構文）が気持ちいいくらいきっちり決まっている。

例えば、「アイ アム ア ボーイ（I am a boy.）」でいってみようか。まず主語アイ（I）があって、その次に、この場合はbe動詞のアム（am）がきて、ボーイ（boy）の前には、一人の、という意味のア（a）がくっつく。

be動詞の本来の意味は「存在する（ある、いる）」だから、この文章を正確に訳すと「私は一人の少年として存在しています」ということになる。

日本語だと、わざわざ「一人のア（a）」なんてくっつけない。場合によっては「行く！」「行った？」みたいに、「主語」も省略しちゃって平気なんだけど、英語ではこういうところも正確な構文にしないとダメ。でもこれはよく考えてみると、話す相手に対して一つひとつ実に親切に説明しているってことになるんだね。

単数か複数か、不定冠詞か定冠詞か、現在進行形か過去完了か、関係代名詞もあれば、形容詞は比較級に最大級。そういう具合にすべてキチンと正確に伝えるための原理原則がバッチリ決まっている。もちろんキミも習っているよね。

日常生活で必要な英語の単語数は三千語といわれています。日本語は一万語以上あるんだそうです。言語体系としても、英語は基本がしっかりしていてシンプルでわかりやすい。

でも「さようなら」は「グッド バイ（Good bye）」だけど、そういうふうに英語に直訳できない日本語もいっぱいある。キミたちがいつも言ってる挨拶コトバの「ただいま、お帰りなさい」「行ってきます、行ってらっしゃい」「ごくろうさま、お疲れさまでした」「いただきます、ご馳走さまでした」こういう挨拶コトバが英語にはないんだって。

だから、「ご馳走さま」の場合は、英語で「このお料理はとてもデリシャスで、私は満足です」とでも言うんだろうね。反対に日本では言わないコトバもあるよ。クシャミをすると、周りの人が「God bless you!（神のご加護を）」っていたわりのコトバをかけてくれるんだって。そういう時は、しっかり「サンキュー」って答えましょう。

「話術の国ナンバーワン」のアメリカでは、話術で人を説得することが、すべてに優先されるほどの重要な要素なんだ。政治家も自らの夢や希望を人々に向かって熱く語ることで、国を動かす力を与えられる。スピーチライターという職業だって立派に存在しているんだ。

ある日本人の家族が、アメリカで子どもを幼稚園に入れたら、最初に覚えてきたコトバが〝イッツ　マイン（それ私のよ）〟だったという話が新聞に載っていました。コトバは、まず「自分自身」をアピールするためにある。そういうコトバの国で暮らしていると、「言わぬが花」なんてとんでもない。まず、コトバにして「言う」ことからすべてが始まる。何も「言わない」のは、何も考えていないのと同じことになっちゃう。

ディスカッションこそがお互いを理解する上で一番大切なことってわけだから、「以心(いしん)伝心(でんしん)」も当然通用しません。しっかり「なぜならば」とクドクド説明しないとダメなんだ。

恋をすると、まずコトバに出して「アイラブユー」。それも会うたんびに言ったりするんだよね。キミの場合はどうだい？　さりげなくプレゼントしたり、せいぜいメールの最後に「好き！」ってひと言入れるくらいじゃないかなあ。

もうあちらは、コトバ、コトバ、コトバで攻めないと先へ進めないんだ。だから、日本とは逆に「出る杭(くい)」になって、バンバンものを言う人の方(ほう)が、周りから尊敬される。厳しいことは厳しいけど、そうとわかれば、かえってすっきりするかもね。

ただ、そんな世界にも「沈黙は金、雄弁は銀」という有名な格言があります。イギリスの思想家トーマス・カーライルのコトバなんだけど、時と場合によっては、コトバに出すよりもじっと黙っていた方が逆に強い意思表示になるんだぞ、ということ。そのために、あえて無言を貫いて沈黙する。唇を噛んで押し黙ったまま、相手をにらみつけるという無言の抵抗なんだ。もうこれは、ある意味「究極の話術」と言ってもいいかもしれない。日本語の「言わぬが花」にも通じるところがあるけれど、もっと積極的な強いハートを感じます。

長い人生の中では、まさにコトバを失うほどのショッキングな状況に出会うことがあります。その時、人は固唾を飲んで茫然自失、ひたすら沈黙するしかありません。けれど、そこで黙ってじっと止まっているままでは、いつまでたっても先へ進むことができません。コトバを交わしてこそ、初めて人と人のつながりが前に進んでいく。だからこそ「雄弁」も大事。だから「銀」なんだ。

沈黙か、雄弁か。その時、その場でのキミの判断が大切になってくる。今必要なことは、そういうことを見分ける力をつけてゆくということ。じっくりやりましょう。

もう一度、英語に戻ります。問題は、英語を使った「話術」なんだ。実際に、英語でオシャベリできるかどうかなんです。相手から英語でペラペラやられたら、もうお手上げでしょ。だって、スペルと発音が全然違うんだもの。読んだり書いたりはともかくできても、いざオシャベリという時のヒヤリングが、めっちゃ難しいんだよね。なにしろ、「Let it go.」が「レリゴー」だからね。明治時代の人は「water」を「ワラ」と言うと覚えたんだそうです。たしかに発音は「ワラ」でいいんだ。

今は、電車に乗っても英語での車内アナウンスが入ったりして、英語がどんどん身近なコトバになっているけれど、やっぱりこれは実戦で鍛えるしかないんだなあ。誰か英語を話す友だちを作ったり、実際に向こうに行って武者修行しちゃうとかね。

よーし！　英語でバンバンしゃべれるようになって、世界中に友だちを作っちゃうぞ。いいぞ、いいぞ、その調子。そして、ただ話すだけじゃなくて、英語で相手と議論できるようになろう。そういう時に大事なのは、コトバよりもハート。お互いに同じ人間じゃないかというあったかい心を忘れないようにしてください。

これからの時代は、キミたちにまかせる。頼んだよ。

STAGE Ⅱ

チャレンジ編
誰でもみるみる上達する話術

6 話術の基本は「何を」「どう」

それじゃ、作戦開始だ。

まず、話術の基本は何か、というところから始めよう。何事も基本が大事だからね。もっともシンプルなレベルまで掘り下げて言うよ。

話術の基本は「何を」「どう」。これしかないんだ。余計なことは全然考えなくていい。もしキミが自分流の話術を磨こうと思ったら、この「何を」「どう」に全力を集中すること。

「何を」は話すテーマ、中味だね。

例えば、びっくりしたこと。こういうことがあって、キミはびっくりしたんだ。だから、ああ話したいと思った。それが「何を」だ。面白かったこと、楽しかったこと、悲しかったこと、怖かったこと、口惜しかったこと、役に立ったと思ったこと、みんな同じだ。すぐに伝えたくて、そこにいる相手に向かって一気に話し始める。ちっちゃい時に何かを見てびっくりして、息せき切っておうちの中に駆(か)けこんで、お母さんのスカート引っ張って、「あのネ、ママ」って、今見たことを夢中になってお話したことがあったでしょ。

ちっちゃい時は、それが全部だから「何を」だけでいいんだけど、今みたいにお互い相手の存在を意識しあう年頃になると、その相手の反応を見ながら話すようになる。すると、自分の話がどう受け止められたか、それがすごく気になってくるんだ。この時初めて「どう」話すかという、もう一段レベルアップした作戦が大事になってくる。だから、キミと一緒に考える「話術」は、この「どう」の研究がすべてと言ってもいいくらいなんだ。

ところが、これが意外と厄介(やっかい)なんだ。

自分の話を相手が思うように受け止めてくれたか。ちゃんと説得できたか。期待したように感動してくれたか。一緒になって大笑いしたり、喜んだりしてくれたか。キミの「どう」話すか次第で、盛り上がり方が全然ちがってきちゃうんだね。

相手にしっかりわかってもらうために、さあ、「どう」言おう。

カワユク言う？　怒ったように言う？　ヒソヒソ言う？　でかい声出して言う？　おど

けて言う？　かしこまって言う？　やさしく言う？　トゲトゲしく言う？　さわやかに言う？　ゆっくり言う？　バンバン言う？　意味深ぶって思わせぶりに言う？　うーんと大げさに、オーバーに言う？

多分、どんな言い方もキミはできるはずなんだ。

友だちに会ったら、まず何を話すかな。

――宿題やった？

――昨日のテレビ見た？

すぐに反応が返ってくるね。突っ込みも入ってくる。さあ、ここからはキミと友だちのおしゃべりのバトル大会だ。よし、キミはキミの得意技で応戦しよう。お笑い系で攻めるか、リポーター系で突っ込むか、薄口評論家ぶってコメントするか。いいぞ、いいぞ。

こうして、キミ流の「どう」が魅力的にできあがっていくんだ。スポーツでも、音楽でも、なんでもそうなんだけど、技（ワザ）っていうのは、使えば使うほどうまくなる。だからキミも、キミの持っている自分流の話の技をどんどん使って、周りもびっくりの話術の名人になっちゃおうじゃないか。

この「何を」「どう」は、実は、哲学や論理学や修辞学といった学問の出発点でもあるんだ。もうちょっと先に行くと、「人間はなぜ生きるか」これを弁証法的に説明せよ、なんて設問にも出会ったりするかもしれません。でも、今はキミ流の「何を」「どう」でいいんだ。

英語の授業で一番最初に習う「5W1H」も「何を」の説明には欠かせない要素なんだ。いつ「WHEN」、どこで「WHERE」、誰が「WHO」、何をした「WHAT」。お互いにそこまでわかっている場合には、その先にいって、何で、どうしてそんなことをしたんだ「WHY」、それから、どうしたらそんなことができるんだ「HOW」ってことになるよね。これでだいたい話の中味がまとまってきます。

それから、漢文の授業で習ったかもしれないけれど、漢詩では「起承転結(きしょうてんけつ)」という基本があって、これに従って詩を作るということになってるんですね。初めの「起句」で詩のテーマを掲げ、次の「承句」で、それが色々と展開してゆき、「転句」ではガラリと変わったことが起きたりして、やっと「結句」で全体がまとまり、詩が完成する。

辞書には、「転じて、物事の順序、組み立て」とも出ています。つまり「起」が「何を」で「承転結」が「どう」話すかっていうことにつながってくるんですね。そうやって、話の進め方にメリハリをつけなさい、ってことでもあるんだ。

——こういうことがあって（起）
——それが、なんだかんだこうなって（承）
——ところが、なんとこんなことにもなったりしたんだけど（転）
——結局こういうことになりました（結）
ってわけだね。
でも、これはあくまで基本だから、この通りにしないで、順番を逆にしたり、バラバラにしたりしてもいいんだ。キミ流に自由にやってください。まあ、人生、何事にも「起承転結」はつきものだから、頭に入れておくといいと思います。
とくに「起」は、物事の原因、問題提起、導入の仕方といった「どう話すか」の先制パンチになるものだから、バッチリいきたいね。リポートを書く時の「序論、本論、結論」の「序論」に当たるところでもあります。
たぶん、キミも知っていると思うけど、アメリカの第16代大統領のリンカーンは、有名なゲティスバーグの演説で、
人民の（of the People）
人民による（by the People）

人民のための（for the People）政治を

という名言を残しました。人々の幸せを実現するために、国は何をなすべきか。まさに民主主義の原点ともいえる考え方を、見事にわかりやすく表現したんだね。ここにも「何を」「どう」の素晴らしいお手本があります。

そういうわけで、いずれにせよ、つきつめていけば、話術の基本は「何を」「どう」。小さい時の〝あのネ、ママ！〟から始まっているんだ。

7 自問自答のすすめ

人を楽しませ、自分も楽しむ「話術のコツ」をうんとわかりやすく、イメージだけでパッと言うとね「おいしく！　おしゃれに！」。もう、これっきゃないのでござる。だから、キミが話術の名人になるっていうことは、一流のシェフや一流のデザイナーになるっていうことと同じなんだ。

人においしいものを作って喜んでもらう。キミは話術で人を楽しませて喜んでもらう。よし、この話はざっくばらんにラーメンタッチでいこう。この話はじっくりフルコースで迫ろう、とかね。細かい味付けや、キミしかできない隠し味なんていいねえ。そうやって話したいことを何かの料理にイメージして、相手にご馳走するわけ。手紙を書いたり、作文したりするのも同じだね。まずは時候の挨拶、これは味噌汁の味かな。

ただ「おいしい話、うまい話、甘い話」には気を付けようってこともあるからね。コトバの怖さはそこなんだ。スパイスと同じで使い方次第でとんでもない味になってくるんだ。

ボクは、そういうのを「毒入りコトバ、トゲつきコトバ」って言ってるんだけど、困ったことにコトバに「毒」を入れたり、「トゲ」をくっつけたりする心は誰にもあるんだね。人として絶対口にしてはいけないような「死ね」ってコトバさえ、平気で使ったりするからね。もう、心の中まで「毒」が回っちゃってるんだ。悲しいね。

それから「おしゃれ」っていうイメージでいうと、もうこれは女の子の方が得意だね。例えば、ボクはGパン姿のキミも好きだけど、おしゃれにドレスアップしているキミも大好き。それを話術に置き換えて言うと、普段タメ語でワイワイやるキミも好きだけど、おしゃれして、お上品に、おしとやかな「おコトバ遣い」でお話なさるアナタもいいなあ。結婚式のスピーチとかね、なんかカッコイイじゃん。

つまり「話術」にも、その場の雰囲気やシチュエーションに合ったスタイルがあるってこと。いつでもどこでも、おしゃれに使いこなせる」ってことが大事なんだ。

そして「どう話すか」っていう時、キミが最初にやることは何だろう?

——こういうふうに話そうか。

——いや、こう話した方がいいよ。

——でも、こういう話し方もあるしなあ。

そうやって相手の反応を想定しながら、色々作戦を立てて考える。自分が自分に質問して自分が答える。まずそれをやってから、いざ本番ってわけだ。それを自問自答っていうね。
人間はだれもが「自分」というものを持っていて、寝ても覚めても、朝から晩まで、ずっといつも「自分」のことを考えて、自問自答しながら過ごしているんだ。それが死ぬまで続くんだね。

なんでそんなに飽きもせずに付き合えるんだろう。それは、誰もがみんな「自分」が大好きだからなんだ。

「自分」が経験したこと、「自分」が感じたこと、「自分」が考えたことが何より大切なんだ。それを周りの人に伝えて、その反応を見ながら、また色んなことを考えたり、学んだりしながら成長していく。

小さい時に誰もが経験することだけど、何かいたずらしてお母さんにこっぴどく叱られる。そうか、こういうことをすると叱られるんだ。じゃあ叱られないようにするにはどうしたらいいだろうと考える。

そういうふうにして、もっともっと「自分」が好きになれるように、もっともっと「自分」がみんなから大事にされるようにガンバるんだ。

お母さんにはお母さんの「自分」があって、友だちには友だちの「自分」があるというともわかってくる。もっと言うと、道ですれ違う全然知らない人も、誰もがみんな「自分」というものを考えながら歩いているんだということまでわかってくる。人間はいつも「自分」のことを考えながら、それをどう伝えるか、どう表現するか、自問自答を繰り返しながら生きる、すごい生き物なんだ。

キミが何を考えているかは、ほかの人にはわからない。考えていることをキミがキミの声で話をして、初めてわかるんだ。キミは、ああ食べたい、と考える。それを声に出して「それ、食いてえ」とコトバで相手に言う。それで初めてキミの考えていることが周りの人に伝わって、キミの考えを現実のものとして受け止めてくれるわけだ。

コトバに出して言う前に、ふっとまた別の考えが浮かんでくることがある。いや、ここは我慢しよう、とかね。そうやって自分の中だけで、一つの考えを色々とこねくり回してみる。これも立派な自問自答なんだよ。

ちっちゃい女の子が一人でお人形さんごっこをしてる。

〝さあ、いい子だからおネンネしなさい〟

〝やだあ〟

なんて、一人二役でお母さんになったり、子どもになったりして遊んでいる。可愛いね。

これが自問自答の原点かな。人は一人で自問自答しながら、人と話をするための心の準備をちゃんとしているんだ。

自問自答を文章にすれば小説になるし、自問自答を実験にとり入れて、科学の大発見につながったっていうこともある。自問自答から語りかける相手を人間じゃなくて、森や雲や月や星や花にしたらどうだろう。すばらしい詩が生まれるんじゃあないだろうか。

もしキミが人と話したくない、人と話をするのが苦手だと思っていたとしても、自分自身とはいつも心の中でさかんに話をしているよね。

――どうした、しっかりしろ！　とか、

――そんなことに負けるな！　とか、

――えらい、えらい、よくやった！　とか、

いつもいつも自分と語り合っているはずなんだ。

キミが日記を書く時、自分自身の生活記録を自問自答しながら書いてゆくよね。今は書いていなくても、夏休みの宿題で「絵日記」をつけたことあるでしょ。その中で、自分自身の今日一日を振り返って、色々反省したり、嬉しかったことや楽しかったことを書いたよね。なるべく正直にそこに自分の気持を整理してコトバにまとめて日記を書く。そんな

ことをしながら人生でいちばん長く、いちばん沢山話をする話し相手である「自分」と一緒に成長してゆくんだ。

さて、いよいよ実地テストだ。

自問自答して「自分」の中で学んだことを、自分じゃない相手に向かって実行してみる。すると、自問自答で語り合った「自分」とは全く違う反応が返ってきたりする。そんな時でも、前もって自分の中で少しレベルの高い自問自答をやっていれば慌てることはない。その場の雰囲気や相手の立場を想定できて、あらかじめ自問自答して心の準備ができている人は、話をしていても安心だね。いい会話ができる人だ。一方で、そういう自問自答ができない人は、子どもっぽいとか、ジコチューとか言われちゃうんだ。自分はどっちのタイプかなあ、と早くもキミの自問自答が始まる。

ここから、ちょっとむずかしい話をします。

それは、何かを言うべき時、言わなければならない時に、ひたすら沈黙して自問自答のまま自分自身のカラに閉じこもってしまうという行為についてです。

世界的に有名なフランスの哲学者ジャン・ポール・サルトルという人が1977年に「自らを語る」という映画の中でズバリ、

――沈黙は反動だ、

と言っています。「沈黙」も「反動」も思想的に深い意味を持っているコトバなんだけど、辞書には〝反動とは、歴史の潮流にさからって進歩を阻(はば)もうとすること〟と出ています。その上でサルトルは、

――それは、子どもたちの呼びかけに対して、返事をしない父親の態度と同じようだ、

と言っています。そう言われるとすごくわかりやすくて、なるほどと思うよね。

「自問自答」のまま自分の中にこもってしまい、そこから一歩も出なければ取り残されてしまうだけだ。つまり、自分自身でしっかり考える「自問自答」は、次の行動へのスタートラインなんだ。自問自答した中味をどうアピールしてゆくか。さあ一歩踏み出してごらん。

〝あの子が好きだ。さあ、どうしよう〟

ガンバレ！　ガンバレ！

8 キミの声が聞きたい！

ここまでくると、今度は、ぜひキミの声が聞きたいなあ。キミはどんな声をしているんだろう。いつも、どんな話し方をしているんだろう。

ペチャクチャしゃべる人か、
ボソボソしゃべる人か、
キンキンしゃべる人か、
フニャフニャしゃべる人か、
ギャオギャオしゃべる人か、
コロコロしゃべる人か、

聞いてみたいなあ。ボクはキミがどういう声の人かわからないけれど、一つだけはっきりしていることがあるんだ。それは、キミという存在が世界でたった一つしかない存在であるということと同様に、キミの声は、この世でキミしか出せない声だということ。キミと全く同じ声の持ち主はこの世に誰もいないんだ。

キミの声が出せるのは、世界中でキミしかいない。キミの声は、世界中でたった一人、キミだけのものなんだ。素晴らしいじゃないか。口惜しいけれどハンデがあって声が出せない人でも、手話や筆談を使ってガンバっている。だからまずキミには、声が出せる幸せを噛みしめて欲しいんだ。今まで当たり前のように出していたかもしれないけれど、これからは、うんと大事にしよう。

なにしろ、キミの声を聞いたらキミを知っている人は誰もが、「あ、キミだ！」とわかっちゃうんだからね。キミも、キミの友だちや学校の先生や、家族や近所のおばさんの声を聞いたら「あ、あの人だ！」ってすぐわかるよね。

そして、その時のキミの声の響きを聞いただけで「ああ、楽しそうなキミだ」とか「ああ、悲しそうなキミだ」とか、相手はキミの心までも聞きわけてくれる。声を出すっていうことは、それほどすごいことなんだ。その上キミの声がすごいのは、同じキミの声なのに、びっくりするほどいろんな出し方ができるっていうことなんだ。キミは自分の持っている声で、人と話をしたり、歌を唄ったり、びっくりして大声を出したり、やさしい声でなぐさめたり、思わず怒鳴ったり、喜んだり、悲しんだり、泣いたり、笑ったり、文章を朗読したり、スタンドから大声援を送ったり…。なんてまあ、キミは沢山の種類の声を出せる生き物なんだろう。こんなことができるのは人間だけなんだね。

さらにすごいのは、そういう声を自分の意思で、自由に操作して出せるっていうことなんだ。映画や演劇の世界はそこから始まるんだね。女優さんが、ホントの自分とはまるで違う役柄を迫真の演技で表現するのを見ていると、「声を出す」って、なんて奥深くてバラエティ豊かな世界なんだろうと思うね。

多分キミも、毎日の生活の中で色々使いわけて、もしかするとドラマの出演者のように、時には意識的に演技しているかもしれないね。ホントはすごく口惜しいのに、明るい声で「よかったねえ」なんて言っちゃうことあるよね。

——あの人、試験に受かったんだって！ と聞いた時、キミは思わず、

——ウッソー！ って叫んじゃう。

もしそこにボクがいたら、その時キミの「ウッソー！」っていう声の中に、ものすごく口惜しい気持ちとか、なんであの人が、というジェラシーの気持ちやらが入り混じった、複雑な心の声だということを感知するかもしれないなあ。

隠したつもりでも心が微妙に出てきちゃうのも声なんだ。「ハイ」っていう返事一つでも、やる気のない「ハイ」と、やる気まんまんの「ハイ」とでは聞いていてすぐにわかる

よね。

ボクは、いつも「声はやる気のバロメーター」って言ってるんだけど、声ほど正直なものはないんだ。人は、キミがどういう声を出すかで、すかさずキミの心を読み取ってしまう。キミの心が裸のまんま外に出るのが声なんだ。だから、声は考えようによってはすごく怖い。

そして、人間は誰もがいい声といやな声の両方を持っている。そのいい声といやな声の間を、毎日行ったり来たりしながら暮らしているんだ。ところが、なぜかいやな声の方が目立つんだね。

じゃ、キミが出す声の中でいやな声はどんな声だろう。多分うんと汚いコトバで人をバカにしたり、イライラさせたりしている時じゃないだろうか。キミがいやな声を出す時は、キミの心も同じように意地悪くゆがんでいると思うよ。キミの顔が溢れるような笑顔に包まれて、心がふっくらしている時、キミの声は、優しい、いい声になっているんだ。

よし、ではここで、キミの持っている声の中で一番いい声をみんなに聞かせてやろうじゃないか。

キミの持っている声で一番いい声、それはどんな時に出るかっていうと、すごく嬉しいことがあったり、キミが大喜びした時に思わず、ぶわーっと湧き出してくるんだね。「ヤッター!」とか「イエーイ!」っていう時だね。心の底から快哉を叫ぶ、なんていうね。キミの持っている声の中で最高に明るく弾んだ声、それこそがキミのいい声なんだ。そうすると、そういうキミの声を聞いただけで、周りの人まで元気づけられたり、明るい気分になって幸せになるんだ。それを感じて今度はキミがもっと幸せな気持ちになる。キミはそういう、人も自分も幸せにする魔法のいい声を持っているんだ。

誰もが赤ちゃんで生まれた時は、精いっぱいの勢いで「オギャア、オギャア」と生命の息吹、生命の喜びをからだ全体で発しながら、この世に登場してくる。キミもそうだった。「オギャア、オギャア」はキミの最初の人間宣言だった。あの瞬間の「歓喜の雄叫び」は、まだキミのからだの中にしっかりと刻印されているはずなんだ。あれこそが、キミの声の原点だった。生きる喜びをからだ中で表現していたあの声が、今キミの中でいい声になって甦る。素晴らしいじゃないか。

そして、キミなりに、キミの持っているいい声で話すっていうことが、長い人生を生きていく上で、どんなに大事なことかっていうことをわかって欲しいんだ。

もし鍛えるなら、声を鍛える。それだけ。友だちに「お、お前やる気だな」「気合入ってるじゃん」と言わせちゃおう。

キミなら、ちょっとトレーニングすれば大丈夫。さあ、自信を持って、一緒に「いい声づくり」のレッスンを始めよう。

9 キミのからだは最高の楽器

ところで、声ってどこから出るんだろう。口と鼻から出るんだね。

人間は、息を吐き出す時に声帯を震わせて音を作り、口の中の空洞（口腔）と鼻の穴の空洞（鼻腔）で共鳴させて声にして出すんだ。だから、声帯の形はもちろんだけど、口の大きさや鼻の穴の形でも音色が違ってくる。キミの顔の形を観察すると、キミがどんなタイプの声をしてるかだいたいわかるよ。声のタイプが鼻の穴の形で決まるなんて面白いね。

楽器がそれぞれの構造によって音色が違うように、人間も顔やからだの構造がそれぞれ違う、だから人間の声もみな違う。キミの声は世界にたった一つしかない楽器が作り出しているんだ。どんなタイプの声も、その人なりにまろやかで響きのよい声で人を気持ちよくさせることができる。

ここで、もう少し詳しく声の出てくる仕組みを説明しよう。キミ自身の「声出し装置」の徹底分析。

人間は、大気のエネルギーである酸素を胸いっぱいに吸い込んで、からだの中で燃焼させ活力源にして生きている。肺に入った酸素は、血にくっついてからだの隅々にまで行きわたるんだね。それから今度は、燃焼した後の燃えかすともいえる排ガス、二酸化炭素、いわゆる炭酸ガスをまた血の中に取り込んで、心臓から肺に運び入れ気管を通じて排泄する。これが、キミの「吐く息」ってわけです。肺の中には小さな泡のような肺胞というのが詰まっていて、この肺胞クンたちが、肺の中で血液中の二酸化炭素と酸素のガス交換をしているんだね。これが人間の「呼吸」。息をする仕組みでござる。

気管から上ってきた排ガスを、鼻や口から排泄する時に、人間は咽頭に収められている2枚の声帯を振動させて声を作り、歌を唄ったり、おしゃべりをしたりしているんだ。だから、排ガスをコミュニケーションの道具として、二次利用していると言ってもいいんだね。人間はなんてエコロジーな生き物なんでしょう。

のどには「咽頭」と「喉頭」がある。喉頭は、舌の付け根のところから、気管の入り口までのわずか3センチ程度の器官なんだけど、この喉頭が、空気と食べ物を区分けしたり、よく「のどぼとけ」と言われる咽頭隆起のウラ側に、「声帯」という発声器官を備えているんだ。

しかもこの2枚の声帯は、普通に話している時でさえ、1秒間に100回くらいぶつかり合い振動しているんだ。高い声になると女性は６００回くらい、もっと高いソプラノになったら、なんと１０００回くらいも振動するんだって。すごいねえ。だから声帯は、もうとんでもない高性能、超高速度な臓器なんだね。

さて、いよいよキミの声の原動力になる吐く息はどこから出るか。もちろん肺だね。ところが厄介なことに、この肺という臓器は、自分の力だけで大きく膨らんだり小さく縮んだりすることができないんだ。じゃあ、どうやって息を吐いたり吸ったりしているんだ。方法は二つある。

一つは、胸で肋骨を中心に肺や心臓を守っている骨格、これを「胸郭」って言うんだけど、この胸郭を前後左右、上下に広げたり、元に戻したりして、肺を収縮させて息をする方法。これを「胸式呼吸」と言います。よく階段を急いで駆け上ったりすると胸がふくらんで、ぜーぜーしちゃうよね。息が切れる、なんて言うよね。さあ大変と、その時には胸郭が大活躍して、肺を目いっぱい膨らませて酸素をどんどん補給してるんだ。この胸郭を動かしているのは、肺の周りにある「肋間筋」という筋肉なんだけど、これ、憶えておいてね。

もう一つは、おヘソのウラ側のあたりで、胸とお腹をつなぐように横に広がっている

「横隔膜」というのがあるんだけど、この横隔膜をぐーんとせり上げて思いっきり肺を押し上げて、肺の中の空気をいっぺんに吐き出しちゃったり、また、ぐーんと押し下げて肺の中にたっぷりいい空気が入ってくるようにサポートするやり方があります。

こういう横隔膜を使った呼吸法を「腹式呼吸」と言います。そして、この横隔膜を大胆に押し上げたり、ゆったりと引き下げたり、そういうバネの役割をしているのが、お腹の筋肉「腹筋」なんだね。だから、腹筋を使って横隔膜を押し上げ、肺から大きく息を吐き出している時は、外から見るとお腹がぺこんとへこんでいるのがわかるし、逆に腹筋で横隔膜をぐんと下におろして肺にいっぱい空気を入れる時は、お腹がぷっくら膨らんでくるんだね。

いちばんよくわかるのは、いつも体操でやる深呼吸だよね。

〝さあ、深呼吸をしましょう〟

そうすると、まず鼻からいっぱい息を吸って、お腹を膨らませ、今度は口から思いっきりフーッと息を吐いてお腹をぺちゃんこにする。

そうやって自分でもわかるくらい、からだを使って息をするから「腹式呼吸」はパワーがあるんだね。そして勢いがあってよく通る声は、吐く息の量が多いから出る。だから、この横隔膜を使った腹式呼吸こそが、キミの持っているいい声を出すもと、キミのからだが最高の楽器であることを、しっかりアピールするために絶対必要な方法なんだ。また一歩近づいたね。

よくスポーツの練習や試合で、監督やコーチから〝どうした！　声が出てないぞ！　腹(はら)から声出せ！〟なんて怒鳴られたりするよね。あの「腹から声出せ」っていうのは、このことなんだ。どこか高い所から遠くの方へ向かって「オーイ！」って叫んでみる。お腹がへこむよね。「ヤッホー！」でもいい。それから思いっきりの声で「ヤッター！」とか「イエーイ！」って叫んでみよう。やっぱりへこむよね。みんな横隔膜クンのおかげなんだ。

ところが、横隔膜を使って肺の空気（息）を大きく深く出し入れする「腹式呼吸」は、よく通る声を出すためにだけに役立っているわけじゃないんだ。全然正反対の一切声を出さないで、じっと目を閉じたまま行うお坊さんたちの「座禅」の修行にも、とても大事な役割を果たしているんだね。お坊さんたちは座禅をしながら、一度吸い込んだ息を横隔膜をジワリジワリと静かにせり上げながら、ゆっくりと長ーく吐き出していく。目いっぱい吐き出したところで、また横隔膜をゆるめて息を深ーく吸い込み、また同じようにゆっくり吐いていく。そういうゆったりした呼吸を繰り返していると、なんと、心もゆったりと落ち着いてきて、おだやかな「瞑想」の世界に導かれていくってわけなんだ。

すごいね。でも、これにはちゃんとした医学的な理由があるんです。人間の脳が分泌する脳内物質に「セロトニン」というのがあってね。これは、気分を安定させるために、心身のあらゆる機能に影響を及ぼす脳内物質と言われているんだ。このセロトニンの分泌が増えると、うつ病や、すぐキレるような症状になりにくくなるという。けれどストレスの多い現代人は、セロトニンを分泌する神経が弱っている人が多いんだって。ところが、なんと腹式呼吸は、脳幹のセロトニン神経を活性化させて脳内物質セロトニンの分泌を促進させ、気分を落ち着かせるために大きな働きをしているんだ。

〝正しい発声でストレス解消〟とか〝腹式呼吸で心身リラックス〟とか〝腹から声出し心解放〟とか言われるのは、そのためなんだね。大人が1回の呼吸で吸い込む空気は約300cc。これが、話をすると3〜5倍、さらに歌うと7〜10倍に増えるんだそうです。だから、声を出して呼吸量が増えて、酸素がたくさん取り込まれれば、からだが元気になり、精神的にも前向きな気分になって、ストレス解消にもつながる効果があるんだ。「ヨガ」では、そういう呼吸法を取り入れて、ストレスから来る肩こりや腰痛をほぐすのに役立てています。

なんかすごく慌ててドキドキしたりしている時に、ゆっくり深呼吸すると気持ちが落ち着いてくるよね。これも「セロトニンさま」のおかげと言っていいのであります。

でも、声帯はとてもデリケートな器官だから、あんまり声を使い過ぎると、逆に傷(いた)んでポリープができちゃったりする。同じ大声でも声帯に無理に力を込めて出す、がむしゃらなガラガラ声や怒鳴(どな)り声、女の子だったら、やたらけたたましい声は、ただうるさいだけでなく、その本人もセキこんだりして、のどを痛める結果になるから、あまりお勧めできませんね。第一楽しくないよね。

人類が進化の過程で海から陸へ上って「二足歩行」するようになって以来、人間のからだは、普段ふつうに生活している時は、たとえ眠っていても規則正しく呼吸ができるようになりました。これは胸式呼吸の「肋間筋(ろっかんきん)」と腹式呼吸の「横隔膜(おうかくまく)」がお互いを支え合いながら、黙々と働いてくれているからなんだ。まさに人体のメカニズム！

その上、横隔膜を大活躍させることによって、キミのからだは最高の楽器になる。

さあ、これから誰でも簡単にできるボイストレーニングをやって、みんなに改めてキミの一番いい声を聞かせてやろうじゃないか。せっかくいい声が出せるのに、使わないままでいるなんてもったいないからね。

10 目標は「アー」で30秒

さあ、ここはちょっと真剣勝負の気分ね。

まず、椅子に浅く腰掛けてください。もちろん立っていてもいいんだけど、要は背筋をしっかり伸ばして欲しいの。なぜか。それで正しい息の道が〝開通〟するんです。背中を丸めたような悪い姿勢だと、首が前に出るような感じになって、息の道がせばまっちゃうから、息が気持ちよく楽に出てこない。肩の力は抜いて、からだ全体はゆったりと構えてください。これでキミの「声出し装置」はセット完了です。

さあ、鼻からいっぱい空気を吸って、肺を満タンにしよう。お腹がぷくーっとふくらんだかな。よーし。そして、なるべく大きく口を開けて、のどの奥から「アー」という声を出すんだ。「アー」は口を開けただけで出てくる一番楽な声だからね。のどの奥がずーっと先のお腹の底につながっていて、そこから声が湧き上がってくるっていう感じがしないかい。

そして、一回の「アー」がいつまで長く続くか。もう目いっぱい、できるだけうーんと長く「アー」の声を出し続けてください。もうこれまでっていうところまで、肺の中の息を「アー」に乗せて吐き出していくんだ。そうすると、自然と横隔膜がせり上がってきて、お腹がどんどんへっこんでくるのがわかるよね。肩に力を入れちゃダメ。あくまでもからだの重心は下半身において、リラックスしてやってください。面白いことに、息を吸う時はからだは緊張するんだけど、吐く時にはゆるんでくるんだ。そうして血流がよくなって緊張がとれ、気持ちが楽になってくるというわけ。だから、吸うことよりも吐くことを中心に考えて、息を吐き切る練習をするとからだにもいいんだね。

さあ、どのくらい続けられたかな。

5秒、10秒、15秒、20秒。おーいいぞ、いいぞ。はーい、ゴクローサン！

これを、毎日、毎朝、繰り返し練習するんだ。そうすると、アラ不思議！　3ヶ月くらいすると、あれっと思うくらい声の出がよくなってくる。ふつうにお腹から声を出すっていう習慣が身についてくるんだ。横隔膜を使って肺の中の空気を出し入れする発声法がどんどんうまくなってきて、キミのいい声がますますいい声になって、声を出すのが楽しくなってくる。そうか、やればできるんだってこと、自分のからだで実感してみてください。

実はこれは、ボクが放送局のアナウンサーになった時に、アナウンサーの養成所で最初に習ったボイストレーニングなんだ。毎朝、レッスンの前にこの「アー」という発声練習からスタートするんだ。長さの目標は30秒間。自分の出せるうんといい声で「アー」を30秒間続けて出すのは結構大変です。

でもね。

毎日毎日やっていると、人間のからだってすごいねえ。声を出すのが少しづつ楽になってきて、ついに30秒間「アー」が続いたぞー！　バンザイ、目標達成っていう日が来るんだ。別に「30秒」じゃなければダメっていうわけじゃないんだけど、そのくらいまでしっかり出していると、お腹をへっこませて横隔膜を働かせる声の出し方が自分のものになってくるんだ。声を出すのも、野球やサッカーや水泳やマラソンといったスポーツ競技と同じで、トレーニング次第では着実に伸ばすことができる。

生まれつき声がよくて、自分の声を生かして歌手や舞台俳優といった仕事を選んだ皆さんは、まさに声がイノチ。プロとして厳しいボイストレーニングをさらに一層ガンバってやっているんだね。そこまでいかなくても、自分の持っている「声出し装置」をもっともっと活躍させて、普段から気持ちよくいい声が出せるようになったらもう最高。それが

「アー」で30秒。〃アラ、うちの中にカラスがいるわ〃なんて言われてもいいからさ。大胆にやってみようぜ。

もう一つ大事なことは、わかりやすく言うと「ハラ声」と、のどから浅い声を出す「ノド声」との違いを自分なりにしっかり自覚しておくってこと。普段おしゃべりしている時は、「ハラ声」か「ノド声」かなんて考えないよね。その時のペースでワイワイ盛り上がっていれば、声も自然にデカくなって「ハラ声」になるし、何となくブックサ言う時は、だいたい「ノド声」かもね。ただ「いい声」っていうのは、どんな声でも「ハラ声」だっていうことを、自分のからだで覚えて欲しいんだ。同じ「アー」でも、お腹を動かさずにのどからだけ出してやってみると、段々のどがゴロゴロしてきて、唸り声みたいになっちゃうよね。これが「ノド声」の限界なんだ。そこだけわかってくれればいいんです。

それから、これも厄介なことなんだけど、キミたちの世代の男子には、「変声期」という声変わりの時期があって、思春期特有のからだの変化で、声帯のある咽頭、ノドボトケが大きくなって突き出してきて、それにつれて声帯そのものも長く太くなって、自分でもびっくりするような低いガラガラ声になったりするんだね。だいたい、半年から一年と言われてるんだけど、これこそが子どもの声から大人の男性の声に成長する大事なステップなんだ。
これは「アンドロゲン」というホルモンの働きなんだけど、男の子は体毛が濃くなったり、筋肉がついてきたりすると共に、ノドボトケが前に突き出して声帯が伸びる。なんと声変わりの前と後では1オクターブも違ってくるんだって。なんでそういうことになるかっていうと、動物がオス同士で争ったりする時に、声が低い方が「大きくて強い」というアピールができるっていうことからきているらしいんだ。男子のキミ、キミも一人前の「オス」になったということでござる。

中には、あまり気にならないでその時期を通過してしまう人もいると思うけど、キミが一番よく知っている自分の声だ。そういう変化を楽しみながら、それを乗り越えて男らしい張(は)りのあるいい声になるように、「アー」のチャレンジを続けてください。

11 最初の試練は「ア・イ・ウ・エ・オ」

さあ、いい声が出たぞ！

でも、それだけじゃダメなんだ。

まだあるの？　あるある。これからが大変。せっかくいい声が出たのに、今度はコトバの発音が悪くて何を言っているのかわからないってことになったら、どうする？　せっかくのいい声が、あーもったいない、ってことになっちゃうよね。

長い人生には、大勢の人の前でスピーチをしたり、正式な会議の場で自分の意見を発表したり、報告したりという機会が何度もある。特に社会人になって世の中で活躍するようになると余計に出てくる。

こういう「パブリック・スピーキング」は家族や友だちと普段おしゃべりする日常会話の「プライベート・スピーキング」と違って、きちんとメリハリをつけて、理路整然(りろせいぜん)としっかり発音したコトバで伝えることが大事なんだね。友だち同士だったら「ホラ、あれさあ」なんてかんじでいいんだけど、社会ではそれじゃあ通用しない。

そういう時にいい声で、ハキハキとわかりやすいコトバで自分の意見を伝えることができたら、キミの説得力は抜群の威力を発揮すること間違いなし。

よし、「いい声」の次は「きれいな発音」にチャレンジしよう。

まず、ボクと一緒に、なるべく口を大きく動かして「ア・イ・ウ・エ・オ」と声に出してみてください。

せーの！　はい！「ア・イ・ウ・エ・オ」おー言えたね。実は問題はここからなんです。それでは「ア」と言ったあと、口の形をそのまま動かさずに、次の「イ・ウ・エ・オ」と言ってみてください。「ア」のまんまの口で動かしちゃダメよ。どお？　言えた？　今度は同じように「イ」と声に出して言ったあと、その口の形のまんま「ア・イ・ウ・エ・オ」と言ってみよう。「イ」のところはちゃんと出るけど、あとはありゃ？　次は「ウ」の口の形でやってみよう。「ウ」の発音は口をとんがらして出すよね。でもほかの「ア・イ・エ・オ」は、その口じゃ発音できないんだ。

わかったでしょ。「ア」という発音をする時には、瞬間的に脳の指令でキミの口が「ア」の形になるんだ。「イ」の時も「ウ」の時も同じです。「イ」は「イ」の形、「ウ」は「ウ」の形にしなきゃ発音できない。瞬間的に口の形がそれになるんだ。だから「ラ・リ・ル・

レ・ロ」と言う時は、瞬間的に脳の指令で舌がブルンブルンと動いて発音される。人間のからだというものは実に精巧なメカなのでござる。

ここでは、あまり専門用語は使いたくないんだけど、「きれいな発音」を習得するのに大切なことなのでお許しください。

人間の「声出し装置」のうち、よく響く、いい声を出すには、気管から吐き出される息、これを「呼気流（こきりゅう）」と言うんだけど、その息を声帯の振動で音に変えて、さらによく響くように共鳴させるんだ。この共鳴効果を高めるために反響させる空間を「共鳴腔（きょうめいくう）」と言って、のどの空間を作っている喉頭腔（こうとうくう）と咽頭腔（いんとうくう）、それから口の口腔（こうくう）、鼻の穴の鼻腔（びくう）と副鼻腔、要するにのどや口や鼻の空間に響かせるってことだね。そういった音響効果を高めるための装置が力を合わせて、キミのいい声を作っているんだ。だから、風邪をひいて鼻が詰まったりすると、共鳴効果がゼロになってフガフガ声になっちゃうんだね。

それから、さっきの「ア・イ・ウ・エ・オ」の実験で、一つひとつの発音には、それぞれの口の形があることがわかったと思うけど、そういう口の形を作ることを「調音（ちょうおん）」って言うんだ。この「調音」チームには、上下の唇（くちびる）、歯に歯茎（はぐき）、それに、のどの奥にある硬口蓋（こうこうがい）、そして、その中心になって大活躍する舌（した）。そういう選手たちがフォーメーションを組んで、きれいな発音をするための仕上げ作業をしているんだ。

日本語の「50音」の発音には、1音1音、ちゃんとした口の形があって、きれいな発音をするためには、まずその基礎になる「50音」の発音がしっかりとできないとダメなんだってこと、わかってくれたかな。

放送局のアナウンサーの養成所では、この練習がいちばん厳しいんだ。「50音」をきれいに発音するために、口の形を確認しながら、大きな声で何回も何回も繰り返し練習するんだ。じゃ、その時の練習用の台本をメモしておきますので、キミのいい声で挑戦してみてください。

アエイウエオアオ　アイウエオ
カケキクケコカコ　カキクケコ
サセシスセソサソ　サシスセソ
タテチツテトタト　タチツテト
ナネニヌネノナノ　ナニヌネノ
ハヘヒフヘホハホ　ハヒフヘホ
マメミムメモマモ　マミムメモ

ヤエイユエヨヤヨ　ヤイユエヨ

ワエイウエオワオ　ワイウエオ

どう、もう開いたり閉じたり口の動きが大変で、アゴがくたびれちゃうよね。でも口の開閉は少しオーバーになるくらい練習した方がいいんだ。さあ、これできれいな発音の第1段階はしっかりクリアです。オツカレサマ！

12 母音に甘える子音たち

では、いいペースのまんま、続けて第2段階へ参りましょう。

今キミにガンバって発音してもらった「50音」が、母音と子音でできているっていうことは知っているよね。しかも、そのうちで母音は「ア・イ・ウ・エ・オ」の5音だけ。あとは全部子音だ。つまり、普段キミたちがしゃべっている時や、歌を唄ったりしている時に、キミの口から出てくるコトバのうち、母音の数はたった5つだけというのが、わが日本語の特徴。そしてもう一つ、全部の子音には必ず母音が、〝まさに母のように〟くっついている。子音は、みんな母音の可愛い子どもたちだっていうのも特徴なんだ。

例えば、カ行の「カ・キ・ク・ケ・コ」を少し伸ばして発音してみましょう。「カァ・キィ・クゥ・ケェ・コォ」ってなるよね。ほら、みんな母音に支えられているでしょ。ローマ字で書くともっとよくわかります。母音は「a・i・u・e・o」。子音のカ行は「ka・ki・ku・ke・ko」。もう子音は母音なしでは生きていけないのであります。

じゃ、質問。なんで「ア・イ・ウ・エ・オ」の5音だけが母音なんだろう。実は答えはものすごく簡単なんだ。「ア・イ・ウ・エ・オ」は発音する時に口の形を細かく動かさずに、すんなりと出せるからなんです。もっと詳しく言うと、母音は、発音する時に声帯からの声が鼻や口から外へ出るまでに、どこにも閉鎖などの障害を受けることもなく、また舌や唇などの「調音」の器官も、急激な運動を伴わずに発音できるという、まさに優しい母心を持った、文字通りの「母音」なのであります。

発音する時に母音の方が子音より楽に出せるってわかったら、じゃ、いっそのこと面倒だから子音で発音するのをやめて母音にしちゃおうという、「子音の母音化」というオモシロイ現象が起こってきたんだ。

だれでもわかる実例を言うよ。

例えば、「すみません」の「み（m・i）」、が「i」だけになって「すいません」。ああ、そうか、だよね。

あと、「良い（yoi）」が「いい（ii）」「行こう（yukoo）」が「いこう（ikoo）」。ヤ行（ヤユヨ）の口の形は、分析すると「iya、iyu、iyo」というふうに「い（i）」の形に近いんだ。それで、こうなっちゃうんだね。もうみんな両方使っているよね。

けれど、困ったことに口の形がいい加減になってゆるんできちゃったりすると、ちゃんと子音を出さないといけない時に、母音化して甘ったれた発音になったりするんだ。例えば「おはようございます」の「は（ｈａ）」が「あ（ａ）」だけになって「おあようございます」まあ、これでも通用するけど、なんかだらしないよね。地名や駅名でも「かわさき（川崎）」が「かあさき」。車掌さんには悪いけれど、出るわ、でるわ。「お出口は右側です」が「おでうちあ、みいああです」。それでお客さんの方もわかっちゃうんだからスゴイよね。

口の形があまり変わらないと、「子音の母音化」だけじゃなくて、どんどん楽に発音しようと、コトバを詰めて短くしちゃう。これを、音便と言っています。

「新宿（しんじゅく）」が「しんじく」

「手術（しゅじゅつ）」が「しじつ」

うちの母親は「シリツ」なんて言ってました。

「塾（じゅく）」が「じく」は、もう当たり前か。

「わたくし」が「わたし」になって、女の子は「あたし」だね。

「検察庁」が「ケンサッチョー」で、「三角形」が「サンカッケー」。これは母音の脱落現象と説明されています。

マ行とバ行も唇を使って出す発音で似ているから、

「さびしい」が「さみしい」

「さむい」が「さぶい」

「けむい」が「けぶい」になったりするんだ。面白いね。今キミが普段使っているコトバをチェックしてごらん。きっと色々あると思うよ。あの、テニスのニシコリ（錦織）選手の名字も関東じゃ「ニシキオリ」だよね。

そういう口の形が似ていて、まぎらわしい発音のコトバを前後に並べて、早く言おうとするとたちまちつっかえて、しどろもどろにトチりまくるのを大笑いして遊ぶというのが「早口コトバ」です。

例えば、「生麦生米生卵（なまむぎなまごめなまたまご）」

やったことあるよね。どうしても早く言おうとすると、なぜか必ずアソコでろれっちゃう。それは「なまむぎ」の「ま」、「なまごめ」の「ま」、「なまたまご」の「ま」。くやしいね。じゃ、この「ま」を母音化して、全部「あ」に変えてやってみよう。

「なあむぎ　なあごめ　なあたあご」。お、ぐんと楽じゃん。だったらもっと思い切って、母音化しちゃえ。

「なあむい　なあおめ　なあたあお」。まあ、これじゃ意味が分からないけどね。英語に比べて、日本語は結構くたびれると言われるのは、この母音と子音の関係からも来ているんだね。

そしてもう一つ、この早口コトバの「生麦生米生卵」の中には、なぜかキミたちがいちばん苦手な発音の「鼻濁音（びだくおん）」がしっかり入っております。

濁音の「ガギグゲゴ」にぴったり張りついて、まるでオモテとウラの関係になっている鼻濁音。しかも、これが、美しい日本語の発音には絶対おろそかにできない大事なパートを担っているんだね。文字で書く時は、濁音も鼻濁音も両方とも「濁点（だくてん）」を付けて表すけど、発音の表示では、鼻濁音は特別に濁点の「ガ」の代わりに丸点を付けて「カ゚」というふうに書き表します。「カ゚キ゚ク゚ケ゚コ゚」

へえー、だよね。鼻濁音を発音する時は、「ガ」とぶつけて言わずに、「ンガ」というふうに、やわらかく鼻に抜けるようにして出すのがコツです。英語の「ｓｉｎｇ」の感じだね。英語でも「ガ行」の濁音の発音を「ｇ」で表すのに対して、鼻濁音の方は「ŋ」と表記されるよね。

コトバの下につく助詞の「ガ」、はすべて鼻濁音の「ガ゚」になります。だから発音の場合は、「ボクガ」じゃなくて「ボクガ゚」。「あたしが」じゃなくて「あたしガ゚」になるんだ。でも結構今の若い人は、そういう時でも「ガ」とぶつけるように言ってあまり気にしないみたい。でもなんかゴッゴッした感じで、粗雑な印象を受けるよ。ガキっぽいじゃん。

では、次のコトバで、鼻濁音の使い方を確認してください。

音楽（オンガ゚ク）、四月（シガ゚ツ）

資源（シゲ゚ン）、仕事（シゴ゚ト）

自画像（ジガ゚ゾウ）、作業（サギ゚ョウ）

中学校（チュウガ゚ッコウ）、午後（ゴゴ゚）

一方で、こういう場合は常に濁音で発音して鼻濁音にはしない、という細かい決まりもあるんだ。ああ、面倒。でも、ここを乗り越えればキミの鼻濁音チェックは完璧です。次を参考にしてみてください。

鼻濁音化しない例

・語頭にあるガ行音

学校（ガッコウ）、議論（ギロン）

・外国語、外来語（原則として語頭および語中）

エネルギー、プログラム

（ただし、外来語でも日本語化しているコトバの場合は、鼻濁音になる。イギリス、キング）

・数詞の「五」（語頭、語中、語尾）

五月、十五歳、五十五回

・軽い接頭音のあとのガ行音や、接頭語に近いコトバのあと

オゲンキ、アサゴハン

・擬声語、擬態語、同じ語の繰り返しの場合

ゴトゴト、ガサガサ、ぐずぐず

・二つのコトバが合わさった複合語で、それぞれ独立したコトバである場合

高等学校（コウトウガッコウ）

ただし、複合したら下のコトバが濁音になった時（連濁（れんだく）といいます）は、鼻濁音になる。株式会社（カブシキガイシャ）、小切手（コギッテ）、大型（オオガタ）、国々（クニグニ）。

まあ、詳しく分析すると「濁音」や「鼻濁音」だけでも、こんなに細かい決まりがあるんだけど、普段はあまり気にしないで、キミもだいたいはクリアしてるんじゃないかなあ。以上の分析は、NHK発行の「アナウンス・セミナー」がわかりやすかったので引用させていただきました。感謝です。いずれにしても鼻濁音は、日本語をきれいに、上品に発音するための最後の決め手なんだ。

まだほかに、日本語の発音の仕方を分類するといろいろあるんだけど、簡単にメモしておきますので、ここでは分類上の用語だけチェックしておいてください。

口の形が母音に近い「ヤ行」の「ヤユヨ」を「半母音」といいます。この「ヤユヨ」がキ列やシ列の子音にくっつくと「キャキュキョ」とか「シャシュショ」ってなるよね。こういうのを「拗音（ようおん）」と言って、全部で12種類あります。「キャ」「シャ」の行のほかに「チャ」「ニャ」「ヒャ」「ミャ」「リャ」「ギャ」「ピャ」「ジャ」「ビャ」「ピャ」。確かに12あったよね。

次に、鼻濁音に似ていて鼻に抜ける「ン」という音は、「撥音（はつおん）」といいます。リングとかカン。恋愛、範囲なんていうコトバも「ン」が入るよね。結構たくさんあります。

それから、「キッテ」とか「ヨット」というように、小さい「ッ」が付いて、詰まった発音になるのを「促音（そくおん）」といいます。マッタク、ガッカリ、ヤッパリ。

この「拗音」「撥音」「促音」の三羽烏も、日本語の発音の大事な要素になっているんだね。まだまだあるよ。

「オカアサン」「オネエサン」を伸ばして「オカーサン」「オネーサン」と言うね。こういう伸ばす発音を、「長音（ちょうおん）」。母音がつながるので「長母音（ちょうぼいん）」とも「連母音（れんぼいん）」ともいいます。

「かわいい」が「カワイー」

「無い」が「ネー」

「すごい」が「スゲー」なんてね。

それから、「汽車（k・i・s・h・a）」って言う時、ハッキリ「キ」と発音せずに、「k・i」の音についている母音の「・i」を声に出さないで、軽く息を抜くようにして発音するよね。これを「母音の無声化」といいます。つまり、発音しても声帯の振動がないんだ。ほかにも「切手」の「キ」とか、「菊」の「キ」、「薬」の「ク」、「スケート」の「ス」、「月」の

「ツ」、「深い」の「フ」もそうだね。逆に「着物」の「キ」は無声化しないよね。自分で発音してみて、その違いを確認してください。でも無声化の音でも、ゆっくり区切るようにして発声すれば、全然無声化しないんだ。無声化は発音される時の様々な条件によって発生するんだけど、きれいに無声化してしゃべってくれると、聞いていても気持ちがいい。やれやれ、日本語っていうのは奥が深いぜ。

まあ、ここではそういう分類の仕方があるんだということだけ、わかってくれればいいです。興味ある人は、色々調べてください。

発音がなめらかできれいな、正確な発音になっているか? こういうことを「滑舌(かつぜつ)」といいます。プロのアナウンサーは、これがイノチなのでござる。

ボクは「ラ行」の発音が苦手でねえ。〝ロンぺーはラ行の滑舌が悪い〟なんて、よく先輩に叱(しか)られました。だって、ニュース原稿にはやたらラ行が出てくるんだもん。

——されるとみられています。とかさ、

——しなければならなくなりました。とかね。ああ、ロレロレ!

でも、誰もがみんなアナウンサーみたいにきれいな発音でしゃべっていたら、なんかキモチ悪いよね。お国訛(なま)りの方言があって、ボソボソ声があって、べらんめえコトバがあって、ベラベラしゃべりがあって面白いんだよ。

ただ、いざという時、しっかり自分のコトバで言うべきことをキチンと相手に伝えられるように、これはその基礎勉強だと思ってお付き合いください。話すことならお任せくださいという自信を、キミには持って欲しいんだ。

13 ありがとう「アクセント辞典」クン

キミは、日本語にも立派な「アクセント辞典」があるっていうのを知ってた？　英語のアクセントや発音記号は授業でやるから知ってるよね。でも実は日本語にも「日本語発音アクセント辞典」というＮＨＫから出版されている素晴らしいものがある。２０１６年5月、18年ぶりに改訂版が出た。7万5千語、１７６４ページの凄（すご）い辞典だよ。

部活で放送部や演劇やってる人はわかるよね。でも、ボクはアナウンサーになって初めて、その実物を手にしてびっくりしたんだ。普段おしゃべりしている時は、話の中身に夢中で、アクセントなんて全然気にしていないからね。でもこれは、ものすごく大事なことなんだ。

明治に入って外国の人がどんどん日本に来るようになって、まず困ったのは、日本中どこへ行っても、てんでんばらばらにその土地の「お国コトバ」があって、どれが標準的な日本語なのかわからないってことでした。

それから大正の末に、ＮＨＫが全国向けのラジオ放送を始めるようになると、ますます全国に共通して通用する〝標準語〟というものが必要になってきたんですね。

そこで、とりあえず基準にしたのが、当時東京を中心に使われていた「東京語」のうち、あんまり下品な表現は省いて、まとめたものを「全国共通語」にしたのです。そして、それに合わせて発音する時に標準になるアクセントが決められました。でもコトバは生き物で、その時代その時代によって次々と新しいコトバが出てきたりするから、色々と変化していきます。その変化に合わせてたびたび改訂を繰り返しながら、今ある「日本語発音アクセント辞典」にまとめられ、集大成されているっていうわけなんだ。

それでは、いったい日本語のアクセントってどういうものなんだろう。どんな特徴があるんだろう。

ハイ、お答えします。

日本語のアクセントの特徴は「高位アクセント」と言ってね、アクセントのある音を高く発音するという、ただそれだけのことなんだ。へえ、簡単じゃんと思うだろう？　ところがこれがやたら厄介（やっかい）なんだ。これからゆっくり説明するね。ちなみに英語は「強弱アクセント」なんですね。

まず「日本語アクセント辞典」では、高く発音する音のアタマに〈¬〉こういう横棒の記号が付いています。その記号が〈―┐〉こうなっていると、その次の音は低く落すというサインで〝アクセントの滝〟なんて言われているんだ。

例えば、「アクセント」という発音では、初めの「ア」という音のアタマに〈┐〉これが付きます。そうすると「ア」を高く、「クセント」は低く落して発音するということになるわけ。わかるよね。

そして、アクセントの付く位置によって、４つのパターンに分かれます。

•コトバの最初の音に高いアクセントが付くのを「頭高型（あたまだか）」といいます。例えば工事（コージ）、花火（ハナビ）、秋桜（コスモス）もそうだね。

•コトバのまん中の部分が高くなるのは「中高型（なかだか）」例えば、試験（シケン）、心（ココロ）

•そして、最後の音が高くなるのを「尾高型（おだか）」といいます。例えば力（チカラ）、光（ヒカリ）、男（オトコ）ただしこの場合、そのコトバのあとに助詞の「が」が付くと、〝アクセントの滝〟が働いて助詞の「が」は低く発音されます。

•ところが同じ尾高型でも、語尾のあとが落ちないで、そのまま発音されるコトバを「平板型（へいばん）」と言うんだ。だから、尾高でも〝アクセントの滝〟が付きません。例、時間

（ジカン）、桜（サクラ）あとに続く助詞の「が」も同じレベルのまま発音されるよね。

これが平板型の特徴です。

まあ、だいたいが読んで字のごとくだから、パターンとしてはわかりやすいよね。

もう一つ、日本語には外国語に較べて、とても困った特徴があるんだ。

それは、仮名にして文字で書いて読むと、全く同じコトバなのに、中味が全然違うという表現のコトバがやたら多いということ。「同音異語」と言うんだけど、日本語を勉強する外国人の悩みのタネになっているんだね。だからそういうコトバは、アクセントの付け方を変えて区別したり、アクセントまで同じだったら、前後の文章の流れの中で判断するという、たいへん面倒なことになっております。

例えば

橋（ハシ）と箸（ハシ）

朝（アサ）と麻（アサ）

肩（カタ）と型（カタ）

雨（アメ）と飴（アメ）

鼻（ハナ）と花（ハナ）

赤（アカ）と垢（アカ）
アクセントまで同じコトバは、
川（カワ）と皮（カワ）
恋（コイ）と鯉（コイ）
雲（クモ）と蜘蛛（クモ）
ほかにも、
科学と化学、心理と真理
機関に器官に期間に基幹に帰還
しかも、このうち「期間と機関」には2通りのアクセントがあって、場合によって使い分けたりするんだ。
あること、あること。まあ、すごいねえ。でも念のため、こういうコトバを今度は関西弁で読んでみてごらん。あら、アクセントが全然違うじゃんっていうのがあるでしょ。ですから、これはあくまでも「共通語」のアクセントの場合ってことなのであります。
とはいえ、そういうわけで共通語としての「アクセント辞典」の必要性がますます高まってきて、もうプロのアナウンサーにとっては仕事上絶対の必需品。いつでもどこでも使えるように肌身離さず持ち歩くから、表紙なんかボロボロになっちゃったりしてね。ホントにお世話になるんだ。まさに〝ありがとう！　アクセント辞典クン〟ってわけ。

この「日本語アクセント辞典」には、まだまだ何段階も細かい規定があるんだけど、それはキミが「アクセント」に本格的に取り組むようなことになった時に、また改めてチャレンジしてみてください。

14 敬語って、あったかいんだ！

キミがレストランやお店屋さんでアルバイトすると、真っ先に仕込まれるのが、お客さまに対するコトバ遣いとしての「敬語」だよね。

いらっしゃいませ。

ありがとうございました。

から始まって、色々あるでしょ。

かしこまりました。なんてコトバも覚えたかな。

先生や先輩に対して、お世話になった人に対して、お客さまに対して、会社だと上司だったり年上の人に対して、場合によっては知らない人に対しても使うね。昔は、お父さんやお母さんに対してもそうだったんだけど、今はどうですか。いつも言ってる「ママ」のかわりに「お母さま」なんて言ったら、びっくりしてひっくり返っちゃうかもね。

〝あーキモチワルイ〟逆に他人みたいな感じになって変だよね。昔は「士農工商」という身分制度がガッチリあって、武士が一番偉かったんだ。また同じ武士でも殿(との)さまと家来(けらい)は大違い。だから、その時代は敬語の決まりも厳しくて、うっかり敬語を使わないと〝無礼者〟と言って斬り捨てられても仕方がないという時代だった。もうコトバ遣いも命がけだね。だから「敬語」は、社会生活上の大事な「護身術」。我が身を守るためのコトバでもあったんだ。

今は人間はみな平等という民主主義の時代だから、敬語もお互いを尊敬し、大切に思う心を表すためのコトバ遣いとして、人と人とのつながりをやわらかく包んで、ほのぼのとあったかい気分にしてくれる、そういうコトバの世界をつくってくれているんだね。

ボクが「日本人はなんて素晴らしいんだろう」と思っているいちばんのわけもそこにある。日本には「敬語」というものがあって、常に相手を大事にする独特のいい関係を作っている。もう、これは日本人の最高の美徳と言ってもいいいんじゃないかなあ。

でも逆に、歯の浮くようなお世辞たらたらの敬語を、これでもか、これでもかと並べ立てて、相手の心をキモチよく油断させるヤツもいる。おだてたり、ヨイショしたりして、うまくだまして利用してやろうという連中もワンサカいるからね。敬語の使い方にもしっかりウラがあるということをお忘れなく。

それでは、キミが「敬語」をマスターするための基本中の基本をここでメモしておきましょう。

敬語は、分類すると「尊敬語」「謙譲語」「丁寧語」「美化語」という4つのパターンに分かれます。中でも「尊敬」と「謙譲」の関係が一番難しいんだ。

「尊敬語」は、相手の人をしっかり立てて大事に扱う時のコトバ。メイン敬語だ。

「行く」が「いらっしゃる、お出かけになる」

「来る」が「いらっしゃる、おいでになる」

「言う」が「おっしゃる」

「〜する」が「〜なさる」

「謙譲語」は、逆に自分のことをへりくだって、控え目に遠慮した感じで言う時のコトバ。だから、相手を敬っているのと同じということになるんだ。

「行く」が「参ります、伺います」

「言う」が「申し上げます」

ほかにも、自分のことを「私ども」なんて言うね。

でも、相手に使う「尊敬語」と自分に使う「謙譲語」の区別がちゃんとできないで、逆に使ったりすると大変です。〝無礼者〟になっちゃうからね。敬語の一番のポイントは、この区別、使いわけなんだ。このツボさえ抑えておけば、キミの敬語は合格です。「丁寧語」は、普通に丁寧に話す時のコトバ。「です」「ます」が付きます。尊敬語や謙譲語の語尾にはだいたい付くよね。

「ハイ、行きます」

「ハイ、わたしです」

「美化語」は、何でもアタマに「お」や「ご」を付けちゃう言い方です。

「お人形さん、お天気、お茶、お手洗い、ごちそう、ごはん」

ただし、ちゃんと相手に向かって言う時の「お顔」や「ご住所」の「お」や「ご」は尊敬語の方に入ります。

では「おコップ」や「おケーキ」はどうですか。

ちょっと言い過ぎだよね。こういう使い方を「過剰敬語(かじょうけいご)」って言います。そこまで敬語にしなくたっていいんじゃないですかってことですね。よく例に出される言い方で、ペットの犬や猫、小鳥や金魚に〝エサをあげる〟って言うけれども、これはペットに敬語を使っていることになる。おかしいじゃないか。ペットだったら〝エサをやる〟でいいんだ。おお、厳しい。まあ原則的にはそうなんだけどねえ、つい言っちゃうよね。

ところで、キミが敬語を使うのはどういう時だろう。今はまだあんまり意識していないかもしれないけれど、これから社会人になってどんどん仕事をするようになると、多分、毎日が敬語との闘いになるんじゃないかな。

その時、思い出して欲しいんだ。敬語は、人と人との関係をあったかく包むコトバ。そういうハートが敬語を使う時には大事なんだってことをね。

街を歩いていて、何か困っていそうなお年寄りを見かけたら、キミはこう声をかける。「どうなさいました？」。そしてキミの優しいサポートに、そのお年寄りは大感謝してお礼を言う。そう、これなんだ。だからどうぞ、自分を取り巻く人間関係やいろんな人とのお付き合いを「敬語」を上手に使いながら、楽しんでください。

ボクが大好きなＴＢＳラジオのお仲間、毒蝮三太夫さんの得意技は、ご存知の「ジジィにババァ」〝このクソババァ〟なんてセリフを、あんなにも優しく、あったかいハートにくるんで言える人は誰もいません。もうこうなると、これは蝮さんだけに許された、立派な敬語なんじゃないだろうか。なんか嬉しくなるよね。そう思うと、敬語の世界も一段と楽しくなるじゃん。いや楽しくなるじゃございませんか。

STAGE Ⅲ

エンジョイ編

自分流を磨こう！

15 人はなぜ話すのか

本当は一番に書くべきことだったかもしれないけど、改めて書きます。キミは、人はなぜ話すのか、ということを考えたことがあるかな。うーん、何を今さらというかもしれないね。話す理由があるから話す、ただそれだけじゃん。

朝起きてから夜寝るまで、人間はたえず誰かと顔を合わせて、あるいはケータイで電話したりメールを使って話しているんだね。一日中、誰とも口を利かないでいたとしても、外にいる人の話し声やテレビの画面の中にいる人の話を聞いているはずだ。自分に向かってブツブツ独り言を言っているのかもしれないね。

何のためにそんなことをするんだろう。

人はなぜ話すのか。

情報や意思の伝達を含めて学問的に分析した研究は色々あるけれど、ボクの答えは簡単だ。人が話をする理由は、たった一つしかない。それは人生を楽しく、幸せに生きるためなんだ。キミはオギャアと生まれてから、ずっとそのためにいろんな人と話をしながら生きてきたんじゃないだろうか。

初めて話をした人は誰だろう。お母さんかな。幼いキミが覚えたてのコトバを使って話をしたら、きっとみんな手を叩いて喜んだはずだ。キミが何かを話すのを毎日毎日、楽しみに待っていてくれたからね。きっとそれがキミがコトバを使って世の中にデビューした、最初の幸せ記念日なんだ。

キミが初めて地球上に誕生して、人間世界の仲間入りをした時から、キミは一人じゃないんだ。言い換えると、人生のすべては人と人とのつながりの中にあると言ってもいい。一番目の人はオギャアと生まれて初めて抱っこしてくれた人だね。それから沢山の出会いがあって、今のキミがいる。きっとこれからもまだまだ素敵な出会いが待っているはずだ。

街を歩いても、電車に乗っても、レストランに入っても、遠く海外へ出かけても、キミはいつも一人じゃない。「こんにちは」って声をかけてごらん。「ハロー」でもいい。「ボンジュール」でもいい。キミがそこにいることを、世界中の人が気が付いてくれるはずだ。それから楽しい話をして、「ありがとう」と言って別れるんだ。

人生とは何か。

それは、オギャアと生まれて、初めて抱っこしてくれた人から、年老いて息を引きとる瞬間に手を握ってくれる人までの間に、様々に出会った人と人とのつながりの中にあるものと言っていい。人は生まれてから死ぬまで、人と人のつながりの輪の中で、泣いたり笑ったり喜んだり悲しんだりしながら、充実した人生や波乱万丈（はらんばんじょう）の人生を選びとってゆくんだ。

だから人間は、人と話をするために生まれてきたと言ってもいいくらいなんだね。不幸にして声が出せないハンデを負って生まれてきた人でも、一所懸命手話の勉強をして、立派にお話ができるようになるよね。

まず、キミが今付き合っている人を大切にしよう。それからこう考えるんだ。キミの仲間が世界中に70億人いるってね。その中から、キミとぴったり気持ちが合う友だちを探すために、人と人との出会いの旅へ出かけようじゃないか。

16 最初のコトバは「いやだ」

幼いキミが人と話をするようになって最初に意思表示をするコトバは何か。それはね「いやだ」というひと言なんだ。英語で言うと「NO」だね。

思い出してごらん。今までキミは何回「やだ、やだ、やだ」って言ってきただろう。何でこのコトバが最初のコトバかっていうと、キミが周りの人とコトバで闘い始める第一歩のコトバだからなんだ。キミがキミ自身の気持ちを相手にぶつける大事なコトバと言ってもいい。人間てね、ものすごくケチな生き物なんだ。自分のものは絶対相手に渡したくないという心があって、それを守ろうと出すコトバが、「いやだ」なんだね。

人間として生まれて、人間の世界で生きてゆくと決めた時、キミが自分の人生を切り開いてゆくために最初に持つ武器がこのコトバなんだ。だからキミは一生の間、ずっとこのコトバをしっかり離さず生きることになる。

小さい時は、自分が食べたいものは絶対取られたくないというケチなんだけど、お母さんになると、自分が食べたくても我慢して、まず子どもに食べさせようとするね。自分にとって守りたい大切なものは、子どもだっていうことが、お母さんになってわかったんだ。そういうふうに、初めは自分のものは取られたくないというケチなんだけど、段々と、自分の大切なものを守りたいという心に成長していくんだね。自分が自分らしく生きてゆくために、自分を支えている大切なもの、それを守ろうという素晴らしいケチの心が生まれてくるんだ。それはもうケチとはいえないね。

キミにとって大切なものは何だろう。それを守るためにキミは、今、闘っているんじゃないのかな。

じゃあ、ここで一つ問題を出すよ。

キミがよく使う「いやだ」の場合だ。

①勉強は、いやだ。

ボクもよく使ったなあ。試験の前の日なんか百回くらい言ったね。

②でも、人に負けるのは、いやだ。

さあ、どうする？　①の「いやだ」と②の「いやだ」は悔(くや)しいことにつながっているんだよね。ここでキミは究極の選択をすることになる。勉強もいやだけど、人に負けるのはもっといやだと考えたら、この際は勉強やるっきゃないじゃんてことになるよね。ボクもそうだった。それはどういうことかって言うと、キミはレベル①の「いやだ」とレベル②の「いやだ」の間で悩んで、むずかしく言うと、葛藤があって、ついにそれを乗り越えて一段高いところへ昇っていったってことなんだ。つまりキミはそこで人間として成長したんだ。

小さい時、お母さんが一所懸命作ってくれたお料理を「まずくて、いやだ」と言ったことはないかい。でもその時キミは気がつくんだ。それをキミが言った時のお母さんの悲しそうな顔に。キミは心の中で思わず「ゴメンナサイ」っていうね。それもキミのハートが成長したしるしさ。

そうやって人間は、自分が言った「いやだ」というコトバから色々な経験を積んで、人間として生きるってどういうことかを学んでいくんだ。何を守るために「いやだ」と言うかによって、その人の人間性のレベルがわかるんだね。

勉強はいやだと思っていたけど、勉強してみたらどんどん面白くなって、へえ勉強って楽しいじゃんと思うかもしれないね。

ボクは老人の一人だから、もうすぐ最期の「いやだ」を言う時がくる。それは「死ぬのはいやだ」というコトバだ。言いたくないよね。どうしたら「死ぬのはいやだ」という気持ちから、もっと素直な安らかな心になって最期の時を迎えられるようになるか。これが人類の長い歴史の中で人々が探し求めてきた究極の大テーマなんだ。宗教の始まりだね。もしキミに興味があったら研究してみるといいよ。

キミが最初に覚えた「いやだ」というコトバは、キミ自身の人生の「キーワード」だということ、わかってくれたかなあ。だからボクが言いたいのは「いやだ」を上手に使って、キミがどんどん人間として成長していって欲しいということなんだ。

「いやだ」というひと言から、人間は人と人の付き合いを真剣になって始めるなんて面白いよね。

戦争はいやだ。抑圧はいやだ。差別はいやだ。貧困はいやだ。という民衆のエネルギーから歴史も動いてきたんだよ。とくに〝戦争はいやだ〟これはとっても大事なことなので、少しつけ加えさせてください。

キミたちも毎日のニュースで接していると思うけど、どうしてこう、世界中あちらこちらで、血なまぐさいテロや戦争が次々と起きているんだろう。悲しいね。

今起きている戦争は、宗教宗派の対立だったり、民族や部族間の衝突だったり、さらには生活圏をめぐる領地の取り合いといったことが主な原因なんだけど、そこへ大国や同盟国が介入してくるから、ますます事態が複雑になっていって、一度始まるとなかなか収まりがつかなくなってしまうんだ。

戦争は始まってからではもう遅い。それは今から七十年前に終わった「太平洋戦争」を経験した人たちが、いやというほど骨身にしみて思い知らされたことでもあるんだ。周りがみんな「戦争だ、戦争だ」と目が血走っている中で、一人〝戦争はいやだ〟と言うことがどんなに勇気のいることか。「今みんながお国のために命をかけて戦っているのに、なんてことを言うんだ」と、たちまち「国賊」とか「非国民」とかいうレッテルを貼られて、世間からつまはじきされ、挙句のはてに、当時は特高警察という監視機関に引っぱっていかれて、ひどい拷問を受けて、そのために何人もの人が非業の死をとげたりしたんだ。

戦争を始める時はみんな勇ましいんだ。正義は我にあり、と信じている。相手の国に負けないようにどんどん軍備を増強する。するとお互いの国に不信感が募っていって、あとへ引けなくなる。それからどうなるか。早くそれを使いたくなってくるんだよ。だから、ほんのちょっとしたきっかけで、あっという間にドンパチが始まっちゃう。そして、それが段々とドロ沼のような状態になって、沢山の人が次々と死んでいって、領土が廃墟のようになって、もうダメだというところへ来てからやっと気がつくんだ。ああ、自分たちはなんてバカなことをしたんだ。いったい何のために戦争なんてしたんだ、とか。だいたい、戦争も長く続くと、人々の間に〝もう、うんざりだ〟という厭戦気分が広がってくる。それでも熱に浮かされた連中がいるから、「いやだ」としっかり声を上げないと止められない。

誰が見ても明らかかな、一方的な〝暴力〟に対しては、常に防御できる力を蓄えておくということは大事なんだけど、それでもできるだけ武力を使わずに、人の命を守りながら解決するにはどうしたらいいか。強い自制心を持って〝戦争はいやだ〟と止める勇気、幼い子どもたちの明るい笑顔が満ちあふれる世の中を、さあ守るぞ！　という勇気をぜひ持って欲しい。それはまた自分自身との闘いでもある。

今、世界中で起きている悲惨なテロや戦争に対しても、状況は厳しいけれど、まず一刻も早く停戦させること、それは同じ時代に生きる私たちの責任でもあると言えるんじゃないだろうか。そのために普段からきちんと自分自身の意見が持てるように勉強して、いざとなった時に、〝戦争はいやだ〟といえる勇気を、どうぞ今から養っておいてください。

17 キミのキャラにはロマンがいっぱい

ボクが、なぜキミに幸せになってもらいたいかって言うとね。まだキミは自分では気付いていないかもしれないけれど、キミのキャラは最高に素晴らしい、すごいっていうことをボクはよく知っているからなんだ。えっ、会ったこともないのにどうしてわかるのってキミは言うかもしれないけれど、ちゃんと理由があるんだ。

あれは、関ヶ原の戦いの時だったかなあ。キミの何代か前のおじいさんがね、ボクの何代か前のおじいさんを関ヶ原の戦いの時に助けてくれたんだ。二人とも、まだ若くて独身だった。ボクの何代か前のおじいさんが、その時、足に矢が刺さって死にそうになったんだ。そうしたら、キミの何代か前のおじいさんがすぐに駆け寄ってきてくれて、介抱して肩にかついで一緒に逃げてくれたんだ。おかげでボクの何代か前のおじいさんは、その後無事故郷に帰って、結婚して子どもを作って幸せに暮らすことができた。もちろん、キミの何代か前のおじいさんもガンバって子どもを育ててしっかり子孫を作ったから、今のキミがいるんだね。そういうわけで、キミの何代か前のおじいさんがいなかったら、今のボクはいないっていうわけ。だからもう、キミに大感謝なんだ。ずいぶん遅くなりましたけど「その節はどうもありがとう」。

そういうふうに何代も何代も遡(さかのぼ)って、もっと先の平安時代や聖徳太子の時代まで行ってみると、街で通り過ぎる知らない人の中にも、ずっと昔はどこかで付き合った人がいっぱいいるはずなんだ。もうそれだけでもロマンだよね。


キミは自分のキャラは、お父さんお母さんや可愛がってくれたおじいちゃん、おばあちゃんも入れようか、そういう人たちから少しづつもらって、できあがっていると思っているかもしれないけれど、そんなものじゃないよね。顔の形はいちばん近い親に似ているとしても、キミのキャラは何代も何代も遡って、たくましく生き抜いて、キミのためにしっかり遺伝子を残してくれた人たち全部のパワーが詰まった成果なんだ。戦(いくさ)や飢饉(ききん)や天災にも負けずに子どもを産んで、一生懸命育ててくれた人たちの遺伝子がキミの中に全部詰まってるんだ。素晴らしいじゃないか。すごいことだぜ。

平安時代にはどんなことをしていたんだろう。江戸時代には何をしていたんだろう。その中にはいろんな才能を持った人がいて、その時代、その時代に精いっぱい、充実した人生を過ごし子孫を残してくれたから、キミがいるんだ。そういうふうにずうっと続いてきたいろんなドラマが、キミの中に遺伝子になって伝わっていると思っただけでも、すごくロマンチックな気分になるじゃん。キミは今、そういうキミ自身が受け継いだDNAのロマン「大長編冒険物語」の続きを担っているのであります。

ほら、耳をすませてごらん。

キミのからだの中から、何代も、何代も前のおじいさんの声が聞こえるよ。

「さあ、おまえ、勇気を出して、前へ進んでごらん」ってね。

キミの中に眠っている無限のキャラ、無限の可能性を信じよう。大事にしよう。

いよいよキミが「お話デビュー」する日が来たね。初めは幼稚園かな。いろんなお友だちがいます。そうすると、あっという間に好きな子と嫌いな子ができちゃうんだ。全部の子と仲良くするなんて、絶対できないーってキミは叫(さけ)ぶ。中学生や高校生になってもそれは変わらないよね。実はそれでいいんだ。それが当たり前だよね。それはどういうことかと言うと、あの子は嫌(きら)いってキミが思ったとするね。それは、あの人と自分は違うっていうことをキミが自覚した瞬間なんだ。

まず、人はそれぞれみな違うっていうことを理解することからキミの集団生活は始まる。でもそれが、嫌いな子がいるっていうことではっきりするなんて、びっくりだよね。キミは、あの人は自分と違うと知ってびっくりして嫌いになっちゃったんだ。でもその人のおかげでキミは人間はみな違うという真理に近づいたんだね。でもここではボクは嫌いな理由は聞かないよ。それは、キミがその人を嫌いな理由がそのうちにどんどん変化してきて、もしかすると将来、大親友になっちゃうかもしれないって想像がつくからなんだ。逆に、大好きだった人が大嫌いになっちゃったりするんだよなあ。ボクぐらいの年齢になると誰にもそういう経験があるんだ。

どうしてそういうことが起きるかって言うと、人間は常に成長し、変化していく生き物だからだ。キミは、周(まわ)りの人が誰かのことを「あの人、すっかり変わっちゃった」とか「アイツ、変わったなあ」とかいう会話をしているのを聞いたことがあるだろ。それから続けて、なぜ変わったのかという話になるね。理由は多分いろいろだ。そこでキミは学ぶわけだ。「そうか、人間は変化する生き物なんだ」とね。そして、その変わり方も経験や境遇によって、少しづつ変わる人もいるし、ガラッと変わっちゃう人もいる。

残念ながら、初恋が実らないことが多いって、よく言われるんだけど、それも同じだね。

もしキミに今、好きな人がいたら、人間は変化する生き物だっていうことを頭に入れて、広い心で付き合うのがいいね。

それから今度は自分自身について考える。じゃあ、いったい自分は今までどういうふうに変化してきたんだろう。もちろん、キミもどんどん変わってきたんだ。でもそれは今のキミの年齢で言うと、変化したと言うより、成長したと言ったほうが正しいかもしれない。久しぶりに会った親戚のおばさんが言うよ〝あら、まあ立派になったこと〟でも、キミがキミであることに変わりがないように「成長する」とか「変化する」と言っても、それは毎日の生活の中で、少しづつ積み上がってゆくものだから、自分じゃ気が付かないんだね。「変わる」と言っても、その人が全くの別人になってしまうわけじゃないから。キミは成長するにつれて、キミの身に起こる様々な新しい経験に出会って、そのたびに悩んだり闘(たたか)ったりしながら、少しづつ強くなってゆく。そして、そのうちに、今まで自分でも気が付かなかった隠れた才能が芽生えてきて、キミの人生にさらに新しい光を当てることになる。そのようにしてキミはどんどん成長し、変化して、ほかの誰とも違うキミ自身を作り上げてゆくんだ。

これからキミがどういうふうに変化し、成長してゆくのか。それは、この先キミが出会う様々な人と人との付き合いの中から、花が咲くように生まれてくる。

ちょうどキミは今、人生のスタートラインに立っていて、きっともう、からだ中が将来の夢ではちきれそうになっているんじゃないだろうか。

そして、人生のはじまりには、誰もがそうであるように〝ああ、あの人のようになりたい〟とか〝あの人のようになれたらなあ〟という自分の人生目標になるような憧(あこが)れの人がいて、その人の闘いぶりや活躍ぶりや生きる姿を心に焼き付けながら、自分自身の第一歩を踏みだしてゆくんだ。

もしかすると、そのお手本は、毎日一所懸命汗を流しながら仕事に励んでいるお父さん、お母さんかもしれないなあ。自分も将来、親の跡を継いでガンバろうと、今から考えているんじゃないだろうか。

もしかすると、そのお手本は、毎日テレビでその活躍ぶりに拍手しているスポーツ選手や、お笑いタレントやニュースキャスターの人かもしれない。さあ、自分も今は部活でガンバろうとかね。

もしかすると、映画や小説や劇画の世界で、感動した主人公のドラマチックな生き方かもしれない。あんな恋がしてみたいなあ。

もしかすると、図書館で読んだ「偉人伝」に登場する、様々な分野で人類に貢献した人たちの物語。野口英世やキュリー夫人やリンカーンや福沢諭吉のように、そうだ、自分も世の中のため、人々の役に立つような仕事をしようと心に誓うかもしれない。

政治家になって世直しをしたい。芸術家になって素晴らしい作品を作ろう。さらに夢は宇宙へ。

こうなると、キミの前に開かれている人生の選択肢は、もう無限だね。でも、そのうち最終的には一つしか選べないなんて、と思うとなんか口惜しいけど、自分にとってサイコーの仕事だったら、こんな素晴らしいことはないよね。ささやかでもいい、それなりに充実した毎日を過ごせたら、それが一番なんだ。そして、キミが人間世界の一員として生きるということは、そういう人たちとしっかりつながっているということでもあるんだ。人間世界には、そこに生きる人間の数だけ、それぞれ大事な人生がある。一人として、全く同じ人生を歩むということはないんだ。これは、すごいよ。人間は、みな違う。だから面白いんだ。

けれど世の中には、自分が望んだ通りの人生を順調に歩んでいる人もいれば、残念ながら途中で屈折して、厳しい状況の中で闘っている人もいます。どこかで歯車が狂って道を踏みはずし、犯罪の世界にからめとられてしまった人もいます。

でもね。はっきりしていることが一つあるんだ。それは、次の時代、次の世界を引っ張ってゆくのは、キミたちしかいないんだということ。ぜひ力を合わせて、素晴らしい世界をつくってください。

18 自分流を磨こう！

いつものことだからあまり気にしてないと思うけど、普段キミはどういう話し方をしているんだろう。

もちろん「話し方」っていう場合は、話をする時のキミの表情や身ぶり手ぶり、声のトーンといったものが含まれているんだけど、キミの友だちは「キミっていえば、こういう話し方をする人」というふうに理解しているんじゃないだろうか。逆にキミも、友だちのだれかといった時に、まずその人の話し方がパッと浮かんでくるはずだ。そういうふうに、人はその人の「話し方」で人間のタイプの分類をしているんだね。

じゃあ、ちょっとキミのクラスの雰囲気を勝手に想像して、「話し方」を基準に分類してみようか。

「ハイハイハイ系」――先生が何か質問すると、真っ先に手をあげて、なぜかハイを続けて3回言う人。明るいタイプの人だね。

「アトからついて行く系」――逆におとなしくて、控え目で、なんでもみんなのアトからニコニコついて行く人。こういう人も大事だよね。

「お笑い系」――何か言うだけで、みんなが笑っちゃう楽しい人。今や、主流のタイプなんじゃないの。

「様子見系」――ちょっと話して、相手の反応をさぐってから続けるタイプ。まあ、野球で言うと変化球ピッチャーだね。慎重な人に多い。

「いちゃもん系」――つい、それはオカシイと何事にもひと言文句が出ちゃうタイプ。けじめを大事にするまじめな人。ややくたびれるか。

しめは「ドドーンと系」――突然でかい声で、〝アタシさあ、もう死ぬかと思ったわよォ〟なんてぶつけてくるんだ。みんなびっくりして、その人の顔見ちゃうよな。あとは、もうその人の独演会。演説型ですね。キャラ的には、ちょっと出しゃばり系かしら。

どうですか。当たってますか。中には、両方持ってる人もいるかもしれないね。さあ、その中でキミは何系なんだろう。

まだまだいろんなタイプの人がいると思うけど、それぞれみんな、そういう自分の個性(キャラ)に合った話し方をするよね。しかも、その人自身が自分なりのキャラをアピールする話し方を気に入っていて、結構楽しんでいるんだね。これこそが「自分流の話し方」とボクが言う話し方なんだ。

じゃあ、今の、キミの「自分流の話し方」はどうやってつくられてきたんだろう。小さい時から、いろんな人と話をしているうちに、少しづつでき上がってきたんだ。多分最初はお父さんやお母さん、もしかすると田舎のおじいちゃんやおばあちゃんの、普段の話しぶりや口癖(くちぐせ)の真似からかもしれないね。お父さんがいつも「あ、そう」って言ってると、いつのまにかキミもつい、「あ、そう」って言うようになっちゃったりね。

それから、きっとテレビだね。お気に入りのアニメの主人公とか、おもしろいコマーシャルのセリフとか、お笑いコンビのギャグとか、歌の文句からとか、テレビには真似する材料が山ほどある。次から次へと出てくるから、あっという間に流行語になって、キミのおしゃべりも〝めちゃいけバンバン〟や〝まいうー〟的になっちゃう。そうやって、一緒になって楽しみながら、それぞれが「自分流の話し方」をマイペースで鍛えていくんだ。

学校じゃ好きな先生とか、部活の先輩とかの話し方もちょっと真似したりしてね。そういうものが色々まざり合って、キミなりの「話し方」が少しづつ完成してゆく。とは言っても、キミたちの世代は「自分流」が完璧にできあがったわけじゃなくて、自分の成長に合わせて、これからもどんどん伸びてゆくわけだから、まだ「自分流探し」の途中にいると言ってもいい。キミが大人になった時、どんな「自分流の話し方」が身についているか、それも楽しみだなあ。

じゃあ、いったい「自分流の話し方」、自分流の話術とはどういうものなのか。それはね、「自分の心を、自分のコトバで、しっかり伝える」もう、ただこれだけのことなんだ。思っていることがきちんと相手に伝わるように、自分流の話術をしっかり磨いてレベルアップさせること。これが、これからのキミの大事なテーマであり、ボクが目指す「自分も周(まわ)りも幸せにする」究極の話術なんだ。

キミが今持っている話術のレベルを、もっともっと鍛えてレベルアップしてみてごらん。キミが世の中に出て活躍する場が、うーんと広がってくるのがわかるはずだ。しかも話術の勉強は、いつでもどこでも出来るからね。

キミの中にある話す力をどんどん使って、キミ自身の人生を切り開いていくために、自分流の話し方をしっかり磨いて欲しいというのが、ボクの願いなんだ。キミはキミのやり方でいい。あとは、具体的な作戦を展開していくだけだ。一緒にやってみようぜ。

締めくくりに、ぶっちゃけます！

――え、マジで。

くると思ったよ。もちろんマジです。

――へえ、マジかあ。

マジ、マジ、マジ。

――それってヤバくね。

ヤベえか。ヤベえ、ヤベえ。

いい会話（？）だなあ。「マジ」と「ヤバい」、一日百回は使うよね。なぜかって言うと楽なんだよ。すぐ返事できるしね。それにストレートに決めつけてるわけじゃなくて、こっちの意見はさりげなくボカせるしね。うまくかわすにはこれに限るってわけ。これも「和」を大切にする日本人の特質です。〝オレ的〟も〝美人系〟もひねりが入っててさ、奥ゆかしいじゃん。「大和コトバ」の世界にもつながっちゃうんだ。ただし、世界じゃ通用しませんからね、念のため。

あと、めったやたらにコトバを縮めちゃう特技。これもスゴイよね。地下鉄で女の子が「アタシ、カスミガで降りる」って言ったの。次の駅は〝霞(かすみ)が関〟でした。なんたって

〝取り扱い説明書〟がトリセツの世の中だからねえ。コトバは文化だっていいますけど、変わってこそ文化ともいえるんだよね。自分流に乱れてこそコトバは面白い。ボク的にはね。

19 笑顔は世界の〝幸せ共通語〟

人生が楽しいコトバばっかりだったら、もう何も言うことはないんだけど、そんなことはないんだね。生きてゆくってことは、嬉しいことや楽しいことと同じくらいの、憎しみや怒(いか)りや悲しい涙を乗り越えてゆかなければならない、ってことでもあるんだね。

その時、キミの傷ついた心を癒(いや)してくれるのは何だろう。きっとそれは、キミを案じてくれる人から向けられる優しい笑顔じゃないだろうか。笑顔を向けられると、人は誰もがホッとした気持ちになって心があったかくなる。そして元気になれるんだ。キミもそうじゃなかったかい。よし、また前に進んでいくぞという勇気がわいてくる。

だから、キミも辛い立場にいる人を見たら、〝さあ、ガンバって〟と笑顔を向けて励(はげ)ます。キミの笑顔でみんなが元気になれたら、こんな素晴らしいことはないよね。そう、キミの笑顔にはそういうパワーがあるんだ。笑顔はキミの持っている無限の財産。いつでも、どこでも、そしていくらでも使える財産なんだ。

笑顔を作る顔の筋肉「笑筋(しょうきん)」は、サルにもあるんだけど、自分の意志でそれを自由に使えるのは人間だけなんだって。しかも、笑顔は世界中の人に通用する癒しのメッセージでもあるんだ。

とくに、長い歴史の中で攻（せ）めたり攻められたりという、痛ましい経験を繰り返してきたヨーロッパの国々や、多民族国家としてのアメリカ合衆国の人々にとっては、今も社会生活の中で「敵か味方か」と厳しく見分けて生きることが、とても大事な心構えになっている。見知らぬ相手に対して、どういう態度をとるのかという判断の重要な基準になっているんだね。

そういう時に、〝私はあなたの敵ではありません〟という思いをもっともわかりやすく伝えるもの、それが笑顔なんだ。だから、彼らにとっては、笑顔は場合によっては安心して生きるための表現手段としてなくてはならないものでもあるんだ。

例えば、地下鉄の中でちょっと肩と肩がぶつかっただけでも、すぐに笑顔を作って「パルドン！」とか「ソーリー！」って言うよね。〝失礼したけど、わざとじゃありません。私はあなたの敵じゃない〟って言うわけだ。日本のようなだいたいが単一民族の島国では、そういうことはあまり気にしないから、逆にラッシュの地下鉄なんかだったら、もう肘（ひじ）を思いきり突っ張って、無言のままビシバシ周りの人を押しのけて降りたりするよね。もしもニューヨークやパリの地下鉄でそんなことをしたら、どういうことになっちゃうだろう。怖い、怖い。彼らにとって笑顔はそれほどに大きな意味を持っている、大事な表現手段なんだ。

これはアメリカの「育児ビデオ」での実験なんだけど、ベッドで赤ちゃんが泣いていて、その隣でお母さんは、ただ見てるだけ。実験だからね。そうすると赤ちゃんは、ママ抱っこしてとますます泣くわけ。それでもお母さんはじっと見てる。すると、赤ちゃんは泣いて泣いて泣き疲れたあとに、本能的にどういう仕草をするか。なんとニコッと笑うんです。〝お母さん、こうやって笑って〟と。そこで初めてお母さんが、〝ゴメンネ！〟と言って抱き上げて頬ずりする、そういうビデオです。赤ちゃんが一番好きなのはママの笑顔。赤ちゃんは、母の笑顔で育てられると言っても過言ではありません。赤ちゃんを笑顔を向けずに育てると、成長が止まるという説さえあるんだそうです。なんかわかるような気がするね。

気が荒くて怒（おこ）りっぽい子どもを見たりすると、もしかしたらこの子の毎日は、笑顔が少し足（た）りないんじゃあないかなあ、と思ったりするものね。笑顔に満ちあふれた暮らしもあれば、笑顔のない辛い暮らしもある。そういう人には、思い切り明るい笑顔をプレゼントして元気になってもらおうじゃありませんか。

これもうだいぶ前のテレビ番組なんだけど、ボクが大感動したお話です。

２０１６年4月まで18年間続いたＮＨＫの「ようこそ先輩・課外授業」という番組。これは、各分野で活躍している人が、自分が卒業した小学校や中学校に出向いて、特別授業をするという番組なんだけど見たことあるかな。

この番組で欽ちゃん、萩本欽一（はぎもときんいち）さんが自分の母校である台東区浅草の小学校でやった「課外授業」。子どもたちは欽ちゃんから素晴らしいことを教わります。

欽ちゃんは、生徒たちにビデオカメラを持たせて、〝用務員のおじさんと保健の先生の笑顔を撮（と）ってらっしゃい〟と言って送り出すんだ。生徒たちは、まず用務員室に行って、やにわにビデオカメラを向けて〝おじさん、笑ってください〟と言うわけ。そうしたら、おじさん、逆に怒（おこ）っちゃってさ。〝なんで笑わなきゃならないんだ〟って、追い返されちゃうの。もう大失敗。

生徒たちが、欽ちゃんのところへ戻ってきます。

欽ちゃん――どお、笑ってくれたかい。
生徒たち――笑ってくれません。
「そうか」その時、欽ちゃんの言ったコトバ、
――じゃあ、今度は、うーーんと喜ばせてごらん。
生徒たちはまた用務員室に行って、今度はまずこう言います。
――用務員のおじさん、いつも学校をきれいにしてくれてありがとうございます。
すると、どうでしょう。あの用務員のおじさんの顔がいっぺんにほころんでね。
――いやあ、それが仕事だからねえ。
と言いながら、もう顔は大笑顔。ニッコニコさ。
今度は医務室に行って、保健の先生にこう言うんだ。
――保健の先生、いつもケガした時に手当てしてくれてありがとうございます。
――あら、まあ嬉しいわ。
保健の先生も、思いきりの笑顔で応えてくれました。ヤッター！　大成功。
――うーんと喜ばせてごらん。
さすが、欽ちゃん。いいコトバだなあ。

喜ばす、ほめるっていうことが、どんなに人の気持ちを前向きに元気づけるか、笑いの天才欽ちゃんの最高のアドバイスでした。そうやって、思わず笑顔がこぼれるようなあったかいコトバ、そういうひと言がどんなに大切か、ということを欽ちゃんは教えてくれたんですね。

笑顔こそ、世界中の人に共通する〝幸せ共通語〟。そして涙は〝悲しみ共通語〟。お互いに人間だってことを、笑顔と涙が教えてくれるんだね。人間って素晴らしいなあ。

介護施設の職員の人が言ってました。お世話している入居者の皆さんから返ってくる笑顔が何よりの励み(はげ)です、とね。キミたちも病院に行った時、看護士さんの優(やさ)しい笑顔で元気が出て、風邪も吹っ飛んじゃった、なんてことあるでしょ。保育園の保母さんたちの笑顔もステキだよね。ムツゴロウの畑正憲(はたまさのり)さんは、ヒグマでもライオンでも「おお、よーし、よしよし」と声をかけて抱きしめるんだって。そうすると猛獣も喜ぶんだ。

あったかいコトバに優しい笑顔。もうこれ以上の幸せな会話はないよね。でも逆に〝作り笑顔〟で相手を油断させて、うまく利用しようというアブナイ笑顔もあるからね。笑顔といえども、油断は禁物(きんもつ)でござる。まあキミなら、そういうニセの笑顔はすぐ見破れるよね。自分自身との厳しい闘いが続く青春の日々に、お互い励まし合いながら、明るく前向きに人生にチャレンジしていこうという勇気を与えてくれるコトバと笑顔。心のこもった先生のひと言、友だちのひと言、そういうものを大切にして、これからもガンバってください。

幸せになる話術の仕上げは、もう、これっきゃないという、バッチリ最高のキミの笑顔だ。ああ、見たい、見たい。

matsushita

20 人生は、人と人とのふれあい祭り

人間は、だれもが心の底に、明日への希望に向かって明るく前向きに生きていきたいという「元気の素（もと）」を持っていると、ボクは固く信じています。もしキミが、なにかのことで「よーし！」ってやる気満々の気分になったとしたら、その時、キミの心の中で「元気の素」がパッと燃え上がったってことなんだ。

ただ中には、残念ながら「元気の素」がずっと縮こまったまんま、あるいは眠ったまんまで毎日を過ごしている人もいる。でも、そういう人でも何かのきっかけさえあれば「元気の素」が目を覚まして〝さあ、やるぞ〟って気分にしてくれるんだ。

教室で先生に質問されて見事正解、みんなから大拍手されたりしたら、キミの中の「元気の素」がバンザイ、バンザイの大盛り上がり大会になって、キミをますます前向き人間にしてくれる。そういうこと、あったでしょ。

いつもボソボソ声のおじいちゃんなのに、おばあちゃんが言います。「あら、おじいちゃん、今日は機嫌がいいわ。声が弾（はず）んでる」えっ、ホント？　きっと何かいいことが

あったんだ。可愛いお孫さんが入試に合格したのかな。きっとおじいちゃんの心の中で、それまで眠っていた「元気の素」がパッチリ目を覚まして、おじいちゃんを「よっしゃ！」って気分にしてくれたんだね。おばあちゃんにはそれがすぐにわかった。そして「心の元気」は「からだの元気」にもつながっているから、それまで車椅子だったおじいちゃんが、なんと自分で立ち上がれるようになろうと、それまでイヤがっていたリハビリに積極的に取り組み始めたりして、おばあちゃんがびっくりするほど前向きになっちゃう。

オリンピックのような極限状態の緊張の中で競い合うアスリートの皆さんは、いつでも自分自身を最高の状態に持っていけるように、心の中で厳しい闘いをしている。それは、いざというその瞬間に「元気の素（もと）」を思いきり燃え上がらせることができるように、常に自己訓練しているんだ。

シドニーオリンピックで、日本の陸上女子で初の金メダルを獲得した、マラソンの高橋尚子（なおこ）さんがこんなお話をしていました。

マラソンは過酷なレースだから、毎日の練習がとても厳しくて、もうダメだというところまで走りこむんだけど、その時、彼女は思うんだって。この〝もうダメだ〟というところから一歩でも二歩でも前へ進んだら、それが全部自分の実になる。力になる。だから、もうダメだっていうところに来たら、心の中で「ラッキー！」って叫ぶんだって。そうやって自分を奮い立たせて、しっかり「元気の素」を自分のものにしたから、見事にあの快挙を成し遂げることができたんだ。

さあ、今度どこかでキミと出会いたいなあ。パッと会ったらどうする？　まずお互いにどんな顔しているか見るよね。それからからだつきとか、髪型とか、着ているものとか、全体の雰囲気を観察する。それから〝やあ〟と声を出して友だちになるんだ。

この本を書いた目的も、そう。

ボクがキミと道で出会った時に、

――オハヨー！

といったら、若いキミからも、

――オハヨーゴザイマス！

と気持ちよく言って欲しい。もう、それだけの思いで書いたんだ。それでお互い幸せな気分になれるじゃん。キミのおかげでボクの「元気の素」もパッと目を覚まして、うんと前向きになれるのであります。

それからキミは、この本を読んだ感想を話してくれて、ボクはキミの将来の夢を聞いたりする。そうやって、お互いに自分をアピールしながら、理解を深めていくんだ。ああ、人と人との出会いって素晴らしいなあ。ワクワクするなあ。まるでお祭りだ。お祭りはいいよ。人を元気づけるパワーがあふれている。運動会や文化祭やコンサートやスポーツの観戦。湧き上がる興奮、ときめき、感動、そして一体感。まさに人と人との「元気の素」のぶつかり合いだ。

ボクは、人生とは、そういう人と人とのふれあい祭りじゃないかと思っているんだ。人はみな、様々な人と人とのふれあいを積み重ね、くぐり抜けながら成長していく。そして、そのふれあい祭りの中心にはいつもキミがいるんだ。家族とのふれあい、友だちとのふれあい、先輩や後輩たちとのふれあい、バイト先や旅先で出会った人との束の間のふれあい、もっといえば、駅のホームやレストランやスーパーや本屋さんや、そういう人と人とのふれあう場のすべてが、実は「お祭り広場」なんだと言ってもいい。特別なお祭りだけじゃなくて、自分たちで作り上げる人と人とのふれあいの世界も大切だね。

もうすでにキミもお手伝いしているかもしれないけれど、今、この国を様々な面から支えている活動に、個人的な利害を超えて困っている人たちに手を差し伸べよう、サポートしようという非営利で社会貢献や市民活動をする組織（ＮＰＯ）の活動が新しい社会の動きになっています。災害地でのボランティアもその一環といえるね。

そういった活動の他にも、伝統芸能の普及活動に取り組む団体、郷土の森を守ろうという住民のグループ、フリーマーケットを主催するリサイクル市民の会、過疎の村を元気づけようという町おこしグループや、商店街の活性化をサポートしようという若者たちの活動、みんなで映画を創ろうとか、お互いに共同生活しながら自分たちの夢を実現しようという仲間たちもいるね。また今キミたちがやっている「部活」と同じような地域のカルチャースクール、釣りや囲碁（いご）や陶芸の会などの活動もある。

もう並べてみると、あるわ、あるわだね。ああ、世の中にはいろんな人がいて楽しいなぁ。

それこそが人の世に生きる喜びなんだ。まさに人生は、人と人とのふれあい祭り。日本人は昔からこういう人と人とのふれあいを「ご縁（えん）」と言ってね。良いご縁を引き寄せれば引き寄せるほど、人生は楽しく面白く、充実したものになる。新しいご縁を積み上げれば積み上げるほど、商売は繁盛する。当然、良縁（りょうえん）があれば悪縁（あくえん）もあるわけだから、そういうものには引っ張り込まれないように用心しよう、という教えもあったんだね。そうやって、「ご縁」というものを大切にしてきたんだ。

さあ、これからのキミの長い人生には、いったいどんな出会いが待っているんだろう。どんなふれあいが始まるんだろう。キミ自身の「元気の素」を支えにして、うんと盛り上がったいい〝お祭り〟にしていってください。そして、そういう人と人とのふれあい祭りで何より大切なものは？

それでは、この章の締めくくりに、ボクが一番言いたかったことを書きます。

それはね、「愛」なんだ。愛、愛、愛！　もうこれっきゃない。人を愛する喜び、人に愛される喜び。どんなおしゃべりをしても、どんな話し方をしても、その先にあるのは、人に対する愛なんだ。愛を感じたその瞬間こそが、キミが自分が人間なんだということを心の底から実感する時。生きててよかったと、幸せを感じる瞬間なんじゃないだろうか。「愛」こそがコトバの違いを乗り越えて、私たちはみんな同じ人間なんだと、世界中の人とつながる勇気、ふれあう喜びを与えてくれる最高の宝物なんだ。だから人と人とのふれあい祭りは、愛のお祭りと言ってもいい。キミの人生を素晴らしいものに仕上げてくれる、パワーの源泉こそが「愛」なんだ。

さあ、これからは、あの笑顔と同じように、キミを愛で支えてきてくれた人たちに、キミからの愛でお返しする番だ。そうやって、みんなが幸せになる喜びを分かち合えるような世の中になることを、キミと一緒に心から願っています。

じゃあ、ね。

どうぞ、よい人生を！

第2部

アナウンサーってなんだ

kaai

1

マイクロフォンのイン&アウト
ロンペーの断章的アナウンサーライフ綴り

え？ 自分のこと書くの。照れるなあ。じゃ、大学生になってからのことね。とにかく、みんなの前で、もじもじしないでしっかりしゃべれる人間になりたいと思ってね。何と大学に入って選んだ部活が「弁論部」だったんだ。

まあ、汚ねえ物置小屋みたいな部室でね。でも、その前に立った時は足が震えました。当時の弁論部は、もうほとんど運動部のノリでね。合宿で、新入部員を全員滝壺のあるところへ連れて行って〝さあ、滝に負けないような、でっかい声を出してみろ〟と竹刀を持った先輩に怒鳴られてさ。声が小さいと、その先輩が竹刀でケツをひっぱたくんだよ。もうこっちは死にもの狂いです。

そこで大発見！「えーっ！ オレってこんなにでかい声がでるのか」その時初めてわかったんだ。それで、「よし！」ってやる気になりました。

当時の「弁論スタイル」は、〝獅子吼（ししく）〟と言ってね、壇上で仁王立ちになって、ここぞという時は、こぶしを高々と突き上げて、さあどうだって感じでやるわけよ。気分いいぜ。ボク？　もちろんやった、やった、やりまくりました。

■

大学を卒業して2年もたっていたから、ふつうの就職ができなくてね、高校の先輩がＴＢＳの報道局にいたので相談に行ったら、「じゃあ、オレが推薦してやるから、受けるだけ受けてみろ」ってね、もう大恩人です。

実技試験の時に「ニュース原稿」渡されてね。〝さあ、読んでごらんなさい〟よーし、でっかい声でガンガン読んだら二重丸で合格。オヤジが倒れたあとだったので助かりました。昭和39年、ちょうど東京オリンピックの年でね、結構採用人数が多かったのが幸いでした。

――それで、キミは何をやりたいんだ。

――ハイ、ニュースアナウンサーになりたいです。

――何言ってんだ、そんな落語家みたいな名前のヤツに、ニュースなんか読ませられるか。

当時は厳しくてね。結局、振り分けられたのは「芸能アナウンサー」。アハハ、まあ、何でも屋です。一緒に同期の芸能班になったのが大澤悠里クン、今でも親友です。

■

新人アナウンサーの頃は「寄席番組」が全盛でね。その頃の大名跡で、文楽さん、志ん生さん、正蔵さん（のち彦六さん）、円生さん、小さんさんなど、もう大名人、上手が勢揃い。売り出し中の三羽烏は三平さん、歌奴さん（今の円歌さん）、円鏡さん（のち円蔵さん）。山のアナアナの歌奴さんには、ラジオで「お笑い大行進」の司会も一緒にやらせていただいて可愛がられました。あの談志さんが、まだ二つ目の小ゑんと言って、早くも問題児になっていた時代です。

しばらくして、関西から若手のお笑い芸人が東京に進出してきてね、その名が「明石家さんま」。

ある日の公開録音で、紹介する時についうっかり、

――では、続いて「あやしやさんま」さんです。

すぐ言い直したんだけど、出てくるなり、こちらの方を向いてさ、

――名前ぐらい覚えなはれ、

って怒られちゃった。ゴメン、ゴメン。さんまさん、もう忘れてるよね。

■

アナウンス部にも毎年、後輩が入社してくるでしょ。それが楽しみでね。若い連中は、だいたい週一で宿直勤務というのがあって、朝の5時から30分間「朝のひととき」という、ワンマンジョッキーの生放送をやるんです。

自分で天井からマイク下ろして、自分でレコードかけてお喋り(しゃべ)りするという、もう今じゃ信じられないような番組。誰もチェックする人いないんだぜ。クシャミしても、咳(せき)しても、みんな放送されちゃうわけ。まあ、だいたいボクが兄貴分でね、「朝ひと軍団」なんて言って、お互いのテープ聞き合いながら勉強会もバッチリやりました。

それから、よく行ったのは近所の雀荘です。よくやったメンバーは、久米宏クン、林美雄クン（故人）に小島一慶クン。久米クンは勢いは最初だけ。たいしたことなかったね。トップ賞はほとんど一慶クン、たまに林美雄クン。ボクは可もなく不可もなし。お互い若かったなあ。しみじみ。

■

そうこうするうちに、ボクのアナウンサー生活をひっくり返すような大転換の時がやってきました。忘れもしない1969年5月18日。TBSラジオの深夜放送「パックインミュージック」との出会いです。ボクの担当は、日曜パックの第二部。午前3時から午前5時まで、午前1時から午前3時までの第一部は永六輔さんと中川久美さんでした。

これは覚悟のいる仕事でした。ボクはアナウンサー生命を賭けて挑みました。その時、ボクが掲げた番組のコンセプトは〝センセーショナルでヒューマンな燃え立つ2時間！〟そして、人々が寝静まった真夜中のひととき、ボクが放った第一声は「全世界の皆さん、こんばんはー！」という、ほとんど絶叫に近い叫びでした。ボクは夢中になってしゃべり続けました。ふと、うしろでボクの肩を揉む人がいます。振り向くと、第一部の永六輔さんでした。永さんの手のぬくもり、無言の励ましでした。この思い出はボクの生涯の宝物です。

ボクが、深夜放送に関わるようになってから、沢山の若者たちと友だちになりました。そして数知れないお便りと「対話」を続けていくうちに、またボクの心の中にもむらむらと燃える炎が広がってきて、勇気がわいてくるのでした。その中に、毎週欠かさず、まるで自分自身の生活記録のようなお便りを、寄せてくれる友だちがいました。冬崎流峰クン（※194頁からの解説参照）です。あまり放送に乗る機会はないのですが、いつもボクは楽しみに読ませてもらっていました。

書き出しはこんな具合です。

――アー、もう論平さんの声を聞いているともう… 日曜の朝というか、土曜の夜というか、それが私の生きがい的システムになっています。（『ぼくは深夜を解放する』より）冬崎流峰クンは今でも長い付き合いを続けている友だちの一人です。彼は東北大学に進んで、仙台で仲間たちと「雀の森」というファミリーなコミューンを作って共同生活をしたり、まぁ、行動力の塊のような友だちです。

また、この本の出版でお世話になった小島宣明クンや、その後ボクの「軌跡」をしっかりファイルしてくれている駒井邦彦クン。みんな「パック」の友だちです。だから「パック」はボクの中ではまだ続いているんです。多分これからも。

■

これは深夜放送でしゃべっていた時代の日記です。例えばこんな具合でした。

――複雑な感動の中でボクは30歳を迎えた。300通に近いお祝いの便りが届いた。祝電が来た。レース編みや人形、お酒や、そして30本の真紅のバラと30本の黄色いバラの花束が、甘美な芳香でボクをとりかこんだ。

ガンバレ～と言ってくれた。いつまでも若々しくと言ってくれた。ありがとうと言ってくれた。深夜番組の、見ず知らずの視聴者からの、ほのぼのと胸の熱くなるような素直な祝福と声援を、ボクは戸惑いながらありがたく受け取った。ボクは、こんなボクの真夜中の放送を、眠る間も惜しんで聞いてくださって、どうもありがとうと言った。

これほどに多くの若者たちの信頼を引き受けて、これほどに数多くの人々のまなざしを実感して、誕生日を迎えたことはない。お祝いの電話や面会が続いた。ボクは一人だが独りではない。こんな具合にボクの存在を味わったことはついぞなかった。これほどにも不特定多数のファンとしてでなく、ボク自身との精神的な関わりにおいて、ボクを支持してくれる人がいる。

ボクは、初めて、誕生日という私的なセレモニーを通してではあったけれど、マイクロフォンをより深く超えた次元での連帯を知った。

■

深夜放送の熱気が最高潮に達していた1970年5月、『ぼくは深夜を解放する』というタイトルを付けた本を出させてもらいました。このタイトルには、もうあとへ引けないという当時のボクの、ある意味、切羽詰まった思いがこめられていたのですが、それにしてもちょっと大胆だったかな。

それまで、若いリスナーたちから寄せられた、青春の思いの溢(あふ)れた投書の数々を「もう一つの別の広場」というシリーズで出版していたブロンズ社から、今度はDJの立場から、自らの心情を吐露(とろ)した本を出さないか、と誘われて書いたものです。以来、僕らの放送が「深夜の解放区」なんて言われるようになりました。

当時は70年安保闘争や各地の公害問題、成田空港反対を叫ぶ三里塚(さんりづか)の農民闘争、そしてベトナム反戦と、まさに激動の時代。ボクは僕らを取り巻く様々な問題から、決して目をそらさずに、さあ、共に語り合おうと呼びかけ続けたのです。でも、もう今は版元のブロンズ社もないし、「本」も絶版です。あーあ。

■

いよいよ「ロンペーパック」最終回の日がやってきました。1971年3月31日。

色々な社内事情もありましたが、さすがのボクもそろそろ限界でした。この日はボクの発案で、いつものスタジオトークではなく、広い第1スタジオに人生の岐路に立っている高校3年生を百人集めて、自由にディスカッションしてもらい、それをそのまま2時間収録して放送することにしました。提案的な音源は、応募してくれた高校生の中から15人を選んで作ってもらったのですが、案の定、第1スタジオはたちまち騒然です。なにしろ、まだ高校でも「バリ封（バリケード封鎖）」なんかがあって、ヘルメットの活動家も参加してたからね。異様な雰囲気。

――なんだよォ、おまえらは大体甘いんだよ。いい加減にしろ！　とかね。お互い感情的になっちゃって、ガンガンやり合いが始まっちゃったんだ。さあ、どうしよう、と思っていたら、そのいちばんうるさかったヤツが、なぜか突然しんみりした感じになってさ、こう言ったの。

——でもなあ、なんでオレがここにいるか、わかるか。オレはよォ、寂しいから来たんだよ。そしたら、いきり立っていた連中が次々に手を挙げて、

——オレも寂しいんだ。アタシも寂しいの、って言い始めた。

その瞬間に、なんと百人の高校生の心が素直に一つになったんだ。あの感動は今思い出しても涙があふれちゃうよ。こうして「パック」との別れは、彼らと同様に、ボク自身にとっても新しいスタートの日になりました。

■

55歳になったボクは、人事異動でラジオの営業局に移ります。結構サバサバした気分だったかな。そこで担当したのがTBSラジオが主催していた総合住宅展示場「TBSハウジング」の運営です。すぐに在野の人材を集めて、専属の新しい企画運営会社「コスモセブン」を設立しました。ここでもいい出会いがあってね。最高のチームができました。そして彼らと6年間ガンバって、年商4億の事業を、実に10億の事業に発展させ

たんです。社長からも褒められたしね。TBSには好きなことやって、さんざん迷惑をかけましたが、しっかりと恩返ししたのでござる。えらいでしょ、へっへっへ。

そして、彼らと一緒に汗を流しているうちに、アナウンサー時代には学べなかったような、貴重な体験を色々と積むことができました。人生の喜怒哀楽が、あ、こんなとこにもあったんだってね。これは余談ですが「ハウジング会場」って連休になると、人寄せに「子ども縁日」とか「ふれあい動物園」とかやるんです。それで、スタッフの休憩中に〝ヨーヨー釣り〟の店番をやってたらね、チビっこがおちょくりやがんの。

——おじさん、なんでネクタイしてやってんの。アルバイト?

■

定年退職後、フリーのアナウンサーになって、一番ガンバって働いたのは講演活動です。行きましたねえ。北は北海道・襟裳岬から、南は九州・沖永良部島まで。もう全国津々浦々、言い方は悪いけど、ドサ回りの旅を続けました。さあ、今日はどんな人たちと会えるんだろう。そのドキドキ感がたまらないの。演題はこれ一本!

「ロンペーの元気が出る講演会／人と楽しく付き合う、話し方のコツ」

あれ？ 何か似てるなあ。そうそう、実はこの本を書くきっかけ、基準になっているテーマなんです。話の骨子は、4つの「いい」。〃いい声、いい挨拶、いい会話、いい笑顔〃。ついでに「アー」の実技指導なんかやっちゃってね。結構ウケました。

演壇に立って、会場の皆さんとじかに顔を合わせると、まず、ボクは必ずこう言います。

——もし、今日、私を呼んでいただけなかったら、お互いに一生すれ違ったまんま。「マスイロンペー？ どこの馬の骨？」で終わっちゃう。今日、呼んでいただけたからこそ、またとないご縁ができました。ああ嬉しい、感謝、感謝です。

だから、逆に、ボクの方が元気をもらっていたんだ。

■

司会の仕事は大好きです。マスター・オブ・セレモニー（MC）ってやつね。マイクコントローラーじゃないよ。やって、やって、やりまくりました。MCこそが「話術」の総仕上げ、まあ総合芸術と言ってもいいんじゃないですか。今、ご活躍のMCの名人たちもかくの如し。

——ドッタンバッタンの迫力で迫るさんまさん。ふんわり油断させて迫るタモリさん。オレがたけしだという顔で迫るたけしさん。一緒になって引っ張り込んじゃう欽ちゃん。ニコニコ顔で突っ込む鶴瓶さん。一生懸命のリアクションで思わず乗り出す久本雅美さん。ワタクシのやり方で進めますという中居クン。アナウンサーの後輩では、ダッシュ・ダッシュの久米宏クン。フットワークの生島ヒロシクン。すねた感じの安住クン。ヤンチャ坊主の宮根クン。みんないいよね。自分なりのスタイルを築き上げるためのそれぞれの闘(たたか)いを思うと、話術というものの奥の深さがよくわかります。

ボクが司会（ＭＣ）の仕事をする時にいつも心がけているのは、テクニックではなくハートなの。この集まりは何が大事かというハートを、しっかりと腹に据えること。そうすると、気持ちがグンと入って、前向きに取り組めます。小学校の同窓会だったら〝小学校は僕らの心のふるさとだ〟というハート。中学・高校だったら〝共に青春の時を分かち合った仲間たち〟というハート。結婚式だったら〝こんなに沢山の愛に支えられて素晴らしい〟というハート。

後で「さすが名司会」なんて言われたりするとね、司会者冥利(みょうり)に尽きるわけです。

■

２０１６年4月8日、ＴＢＳラジオの超人気番組「大澤悠里のゆうゆうワイド」が4時間半の生放送30年という金字塔を打ち立てて、めでたく幕を閉じました。大澤悠里クンは昭和39年にＴＢＳに同期入社した無二の親友です。

彼は小学生のころから、もう夢はアナウンサー一筋で、教室でも筆箱のフタを立て掛けマイクに見立てて、立て板に水の如く、実況中継のまねごとをやってのけ、クラスメートの喝采を浴びていたそうです。まさに生まれながらのアナウンサーだったよね。

ボクが感心したのは、父君の町工場の経営が苦境に陥った時、ＴＢＳでもらった自分のボーナス全額を父君に渡し、それを何等分かに分け、職人さんたちのボーナスに当てたことです。そういう中小零細企業の辛さや苦しさを目の当たりにしてきた経験が、彼の放送には随所に生かされていて、常に庶民の目線を大切にしたアットホームな語り口が、多くの聴取者の共感を呼んだのだと思います。

実は、ボクが大澤悠里を生涯の友と決めたある出来事があります。いつだったか、二人で飲んだ帰りに、ＪＲ総武線の水道橋駅だったと思いますが、ホームへ向かう階段を昇っていきました。ちょうどホームの端の階段を登り切った時、ホームの中央あたりで、一人の酔客が誤って線路に転落してしまったのです。しかも今まさに電車がホームの近くに接近しつつある時でした。

「あっ！」と叫んでボクはその場に棒立ちになってしまいました。しかし、ボクが「あっ！」と叫んだその時には、悠里は持ったカバンを投げ捨てて、もう10メートル先を走っていたのです。

駆け付けた悠里がすがりつく酔客を引き上げた時、急ブレーキをかけた電車は、その直前で停まりました。間一髪の出来事でした。立ちすくむボクを尻目に、決してスタイルがいいとはいえない悠里が、バタバタと全力疾走していく後ろ姿。悠里にはかなわない、この友を生涯大切にしよう、と心に誓ったのはその時でした。

■

ことのついでに、安住紳一郎クンと宮根誠司さんの話をします。

2010年1月8日の「ぴったんこカンカン」が「とうとうわしも東京進出やでえ～宮根誠司が花の都東京に上陸！」というタイトルで放送されました。迎える安住紳一郎クンは、口はばったい言い方をお許しいただければ、ＴＢＳアナウンサーとしては、ボクの孫弟子にあたります。一人のアナウンサーの存在が、放送局全体の存在感を持ち上げているという点で、現時点での安住クンは、かつてない状況を作り上げています。宮根誠司さんは、関西発のアナウンサーとしては、抜群の力量を発揮しています。これは当然彼の持っている強烈な個性と努力の成果でもありますが、現在のテレビが「お笑い」の時代だからという幸運にも恵まれています。「お笑い」では関西弁が本流と言ってもいいからです。

宮根さんと安住クンのごくわかりやすい比較をしてみます。もちろん、ボク流の勝手な解釈ですが、宮根さんは「男」に鍛えられて成長し、安住クンは「女」に鍛えられて成長しました。この場合の「男」はさんまさんや鶴瓶さん。「女」は、ピン子さんや大竹しのぶさんです。宮根さんは、さんまさんや鶴瓶さんの尻にくっついて、ワーッ！　と一緒になって棒振り回して駆け出すヤンチャ坊主。安住クンは、にぎやかな姉さんたちにあれこれ用事を言いつけられて、スネながらも要領よくこなす末っ子、という見立てです。

宮根さんのフットワークのいいヤンチャな魅力、安住クンのどことなくスネた感じの女性本能をくすぐる魅力。共に得難い個性です。

当日の番組でも、二人がうまくかみ合っているように思いました。人気稼業の宿命としての、孤独や臆病心といったものも普段着で出てましたね。その後の活躍ぶりも皆さんご存知の通りです。当分、二人で「時代」を背負っていくんじゃないでしょうか。

■

話はさらにさかのぼります。

ボクが現役時代のことですから、だいぶ昔になります。大阪のMBS（毎日放送）を訪ねた時に、アナウンサー総出演のテレビ番組「アドリブランド」が人気で、スタジオで生で見せてもらいました。その時、ゲストで出演した女性タレントにこういう質問が出たのです。

「○○さん、東京でお仕事されてきましたが、東京はどうでしたか?」

彼女の発言に全員が熱心に耳を傾けました。その時、思ったのです。こういった質問は東京ではありえないなあ。大阪から帰ってきたタレントに、大阪はどうでしたか?　と聞いて、全員が興味津々の気分になる光景は、まずありません。

これは、ボクの勝手な推量と思ってください。ああ、大阪は壮大な田舎なんだ!　大阪の持つ独特のローカリズムは大都会、そして絶対に一番になれない複雑な深層心理に根ざしているのではないだろうか。東京に対する反発とコンプレックスの深さは、東京にいる人間にはとてもわかりません。逆にそこから生まれるバイタリティに、東京は大阪を恐れ、圧倒されたりもするのです。

「ぴったんこカンカン」では、前に安住クンが大阪に出向きました。その折にも、宮根さんとの間で、アナウンサー的話題の焦点の一つになったのが、関西弁と東京弁の問題でした。お互いに関西弁と東京弁がチャンポンになってくるのが見せ場でした。とくに宮根さんが微妙に使い分けているのが印象的でした。実はここに関西タレントが東京に進出するうえでの成否を分けるカギがあるのです。

東京では、少なくともメインの司会をこなす人は、純粋な関西弁を使ってはいけないのです。東京風に味付けされた関西弁、あるいは関西弁の東京化が必須の要件になります。関西弁でもない、東京弁でもない、微妙なニュアンスが出たり入ったり、うまいこと使いわけるテクニックが大切になります。例えば、さんまさんのしゃべりがその典型です。久本雅美さんもその一人です。東京と大阪、いい勝負してるじゃん。

■

2016年3月17日付けの「日刊ゲンダイ」に、なんとボクの記事が載っちゃいました。でもねえ、「あの人は今こうしている」のコーナーでさ。要するに〝今どうしているんだろう〟的なネタなわけよ。でも、いいかと思って取材を受けました。ところが、見出しを見てぶっとんだぜ。

〝TBSラジオ「パック・イン・ミュージック」の名物DJだった桝井論平さんが「酒なくて何の己が人生かな」と。そりゃそうだ。ビールを飲んで毎日昼寝し、夜は熱燗やって9時には寝ちゃう毎日なんだから〟

オイオイ、これじゃ、ただのアル中のジジイじゃねえか。でも、実はね、ホントなの。今の生活は毎朝5時に起きて、20分ばかり歩いて、地元の24時間営業のファミレスに行って、いつものカウンターに陣取って約3時間、本読んだり書きものしたりして過ごします。コーヒーはその間に4杯飲むね。もう、お店のウエイトレスさんも、常連のお客さんもみんな顔なじみになっちゃってね。ボクは勝手に「憩いのデニーズホーム」と言っております。この本もそこで約2年かけて書き上げました。以上、近況のご報告でした。

――つれづれなるままに、コーヒー片手にカウンターに向かひて、心にうつりゆくよしなしごとを、そこはかとなく書きつづれば、あやしうこそものぐるほしけれ。

shihou

2

入社試験が運命の出会いだった

「久米宏 ラジオなんですけど／ゲストコーナー」再録

２００６年10月7日から放送されているＴＢＳラジオ制作の番組「久米宏 ラジオなんですけど」（土曜日午後1時～午後2時55分）。インタビューの達人、久米宏が話題の人に切り込むほか、テレビの枠から解き放たれた久米宏がタブーなしでトークに挑む！番組です。

この番組の「ゲストコーナー 今週のスポットライト」に、桝井論平が招かれました。（２００７年7月21日にオン・エアー）当時、番組のアシスタントを務めていた小島慶子を含め、３人による懐かしいトークを紙上で再録しました。

小島／桝井論平さん、１９３９年東京生まれ、67歳。学習院大学を卒業して１９６４年ＴＢＳ入社。アナウンサーとしてラジオのパーソナリティやテレビのレポーターを担当。１９７０年からは深夜の人気番組パックインミュージックに登場して、リスナーの支持を集めました。現在は講演活動で全国を回っています。アナウンサー桝井論平さんが本日のゲストです。
久米／こんにちは
桝井／どうもお招きを頂きまして、ありがとうございます。
久米／いや、とんでもない。
小島／よろしくお願いいたします。
久米／いや、久しぶりです。会わない、っていうか会うチャンスがなくて…
桝井／たぶん何十年ぶりだよね。
久米／TBSに12年在籍してましたからね、毎日会わないまでも同僚っていうか先輩で、しょっちゅう会ってたんですよね。
桝井／向かい側に座ってたからね。ベストテンに行くときタキシードなんかに着替えて「行って来いよ」ってそんなカンジだったんだ。
久米／前に桝井論平が座ってるって、あんまり環境的によくないんです。
小島／その席次は罰ゲームとかだったんですか？
久米／そうでしょうね、偶然に前だったの。
桝井／しかし生放送っていうのは15年ぶりぐらいなんですよ、当時「自由人倶楽部」っていう番組をやってて、渡辺真理や、イチローの嫁さんになった福島弓子とやってたんだけど、それが生のティーチイン（討論集会）だったんですね。それ以来。だからこの匂い、この雰囲気、ワーっていうカンジでね。もう赤坂の駅降りる時から新人になったみたいな気持ちで、あー嬉しいな、嬉しいなって。

久米／あ、そんなに高揚するもんですか、生って。

桝井／自分が生で育ったっていうことがあるからかもしれないね。

久米／ボクもときどきゲストなんかで呼ばれると、やなもんで控室に入れられて、時間来るとＡＤみたいな人が「久米さん、お待たせしました、どうぞこちらへ」なんて言われて、あれ、やでしょう？

桝井／あせりまくるんだよね、なんか。聞くのはいいんだけど、聞かれる立場ってどうしていいかわからないんだ。

久米／控室に入ったあたりから、心根とか冷静さっていうのが失われてきて、ＡＤがコンコン（机をたたく音）って、ノックしてきたあたりから爆発的におかしくなってくるわけ、だから、今日イヤだろうなあと…　お待ちしている間、どうしてるかなと見に行ったら、昔の職場にいる、控室じゃなくて。

桝井／それで、永さんにもご挨拶できたし。今日呼んで頂いてホントによかった。
小島／久米さんは桝井さんの何年後輩なんですか？
久米／3年！　ちょっと3年と思えないでしょ。このスーパーおじさんぶりと、ヤングボーイぶり。（笑）
小島／そのヤングボーイって、ものすごいオッサンの言葉遣いですね。ごめんなさい、全国のオジサンの皆さん。
久米／不思議なもので、論平さんが先輩だった時に、先輩の経歴なんて、誰も調べようと思わないじゃないですか。
桝井／そうね。
久米／で、ちょっと調べてたらお父さんが日本橋の生まれで、お母さんが浅草の出身。キャピキャピの江戸っ子じゃないですか。
桝井／ボクはね、生まれたところは江戸川区の小岩なんですけど本籍は深川なんです。たぶん仕込まれたのは深川なんじゃないかと。だから、ヒが言えないんだよね、ハシフヘホになっちゃう。クメシロシになっちゃう。昔、朝日新聞ニュースっていうのがあったのよ裏送りで。

久米／裏送り（ＴＢＳラジオで制作した番組を自局では放送せずに系列局へ流すこと）ってあったんですよね。どこが裏っていうと差別になりますからね。

桝井／ヒと言うんだ、ヒというんだっていうのが頭の中に合って「アサシ、ヒンブンニュース！」って堂々とやったことあります、ダメですね。

久米／どっちがヒでどっちがシだかわかんなくなっちゃう（笑）で、卒業した江戸川区立小岩小学校が創立※１２０年くらいになるという、ケンブリッジじゃないんだよ。小岩小学校、由緒あるんですねえ。

桝井／あります。

小島／それって尋常小学校から数えてなんですか？

桝井／明治の最初の寺小屋さんから始まってるんですよ。

久米／なんでこういうことを頭から話してるかっていうと、論平さんは何を言ってもしゃべるんで、どこまでついてくるかと思って、バランバランにやってるわけなんですけどね、大学３年の時が60年安保、ここは世代がちょっと違ってて、ボク高１なんですよ60年安保、あれ、もう椅子の上アグラかいてますね。

桝井／だから「されどわれらが日々」なんですよ。学習院大学出て、幼稚園の時から園長

※小岩小学校は明治15年12月創立。

先生に「何時に来なさい」って言われてて、小学校も中学、高校も、校長先生から「何時に来なさい」って言われ続けた。で就職してまた社長から「何時に来なさい」っていう暮らしは1回切りたいなって思って、就職するの止めてたんですよね。

久米／だから生まれた年と、ボクの先輩後輩の距離が合わないんですよね。

小島／そうなんですか、何をなさってたんですか、2年間。

桝井／久野収さんていう、ボクの終生の師ともいうべき学習院の哲学科の先生がいらして、テンプラ学生（その学校に在籍していないのに講義を聴きに来ている者。格好は学生であるが在学生ではない偽学生を衣だけのテンプラに例えた語）のままで、週1回学習院の哲学の講義に出てあとはプランプラン、ものでも書きたいなと思っていたんですね。そしたらオヤジが倒れちゃって、就職しなきゃいけないっていうんで、TBSの先輩頼っていったら、ちょっとお前このニュース読んでみろと。ボクは学習院の弁論部にいたんで、音頭朗々と読むわけです。お、ちょっとお前受けてみろということで受けて入った。そしたら同期に大澤悠里とか石川顕とかいたわけです。だからあの頃は露木茂とか徳光和夫とか、土居まさるが同世代ですね。

久米／ほっとくとどんどんこういう話に入って行ってしまうのでブレーキかけないとね。

桝井／TBSアナウンサー総出演と銘打って『朗読日本文学全集・大正編』っていうのをね、ラジオ番組で構成して作ったことがある。それはね、芥川龍之介が大正5年に新思潮に「鼻」という小説を発表して、それを漱石が大激賞するわけ、「こういうものを、あと二、三十書いてごらんなさい。あなたは文壇で類のない作家になります」と。それから昭和2年に彼が自殺するまでが大正の時代、白樺（しらかば）があったり、昴（すばる）があったり、三田文学があったり、竹久夢二がいたり、島村抱月と松井須磨子がいたりするのを、芥川を縦糸にして作ったことがあるんですよ。

久米／ボク、現役のころ友だちから聞いたんですけど「久米、論平さんって芥川賞取るって大言壮語（たいげんそうご）してるよ」って。

論平／言ってない、言ってない。

久米／じゃ、そいつは論平さんを陥（おとしい）れようとしてたんだ（笑）本気で狙ってるよ、芥川賞なんて話を聞いたことがあります。

小島／おっしゃってる感じから察すると、だいぶ熱意を感じました。

久米／物書きの方にも興味があって新聞記者志望だったってことですね、子どもの時は。

桝井／入江徳郎さんの「泣虫記者」っていうのを学校の図書館で読んで、もう新聞記者しかないと思ってずーっと学級新聞作って、中学、高校と。でもその時、1回別の立場の側からものを見たいと思って、しゃべる方へ行ってみたいと大学では弁論部に入った。

久米／しゃべる方の弁論部とアナウンサーはちょっと違って、ここだけの話ですが小島慶子さんがよく言うのは、「今の時代アナウンサーになりたいなんていう男は気がしれない、大の男がアナウンサーなんて仕事を選ぶなんて信じられない」と彼女は言ってるんです。

桝井／それはボクも女子どもの仕事だと思っていたんです。

久米／これ、女子どもに対する差別じゃありませんからね。

桝井／ところが昭和39年、東京オリンピックの年にボクらが入社した時に、素敵な番組ができたわけね。木島則夫モーニングショーっていうのができた。そして、あそこでアナウンサーが生身の自分をさらしてアピールするっていう場がある、ステージがあるっていうことに気がついて、これには賭けてもいいな。いずれは桝井論平ショーをやりたい、というふうには思っていたんです。

小島／スタートが恵まれてらっしゃいましたよね。さっきの久米さん補足しますと、女子どもがやるっていうよりも、アナウンサーの仕事自体がメインのタレントさんや役者さんに対するサブで、どちらかというと秘書さんとか、のような仕事が多いので、今も若い人とかが、そういう役割だと特にやる気のある男の子だとフラストレーション感じるんじゃないかと…。女の子なんかだと女子アナとか言われて美味しいなって、楽しい20代過ごせるんですけど。

久米／ときどき台本のある仕事がくるんですよ、テレビとかラジオで。そこには必ず「久米宏（アナウンサー）」ってある。ボクいつも「アナウンサーってやめてくれる、削ってくれる」ってお願いしてたの。やなの、肩書が。

小島／入社してからすぐですか？

久米／アナウンサーって職種の名前なんです。久米宏だけでもいいし、そのアナウンサーっていう音の響きもやだったし。

小島／アナウンサーっていう一つの役割をやってください。久米宏さん、桝井論平さんである必要はないからアナウンサーという役割をやってください。8割くらいがそういう仕事ですよね、今でも。

桝井／あの、それにその都度番組によって、パーソナリティとかＤＪとか、キャスターとか、そういうのがくっついてくるんだけど、だけどアナウンサーっていうのは、スタンダードなのはスポーツのアナウンサーだと思いますけどね、それは、それなりの基本がないとできないことだから。だけど僕みたいに芸能畑みたいな人間は、あまり縁がないんだよ、アナウンサーという仕事に。

久米／ボクは、たまたま、この仕事になっちゃったんですよね、試験受けて受かっちゃって。ずーっと疑問だったのは日本人として、全員ほぼ原則的に日本語は話せるわけですよ。ボクは日本語をしゃべってＴＢＳから給料をもらっていた。ほとんどの日本人ができることをただ普通にやって、お金をもらうってことが、どういうことかどうしてもわからなかった。日本語話す以外のことやってないんだからね。

小島／久米さんみたいな方めったにいませんよ。

久米／なるべく、みんなが使う単語しか使わないようにしてるんですけどね、論平さんみたいな人が使う特別な単語は使わないようにして…。

小島／やな後輩ですね。

久米／〝人口に膾炙(かいしゃ)する〟（広く人々の話題に上って知れ渡る）言葉を、膾炙って使わないか。人口に膾炙する言葉を使うように心がけてるから、ごく普通の日本語なんです、ボク使うのは。これでお金をもらっていいのかっていうのが疑問であったのと同時に、普通の日本語を使ってお金をもらうにはどうしたらいいのか、ってことを考えましたね。

小島／それは、ジェネレーションギャップってあるんですか？　4年の間に。
桝井／それはないと思うね。
久米／論平さんとはないかな。うん。
桝井／僕らより上の世代にはあって、やっぱり折り目正しいアナウンサーの放送をするっていうのがありますよね、ところが深夜放送をやるようになってから、ボクとかオレとかいう表現も可能になってきた。ワタクシというふうに表現してもいいんだけど、もうバカダネーと言っちゃったり…。しましょうかねーとかさ。
久米／ボクが入社の時、男が8人入った時、放送でボクなんて言ったのが大問題になった時代ですからね。
小島／へえ〜っ。
久米／もちろん！　放送でボクとは何事だ、っていうことになったのが当時ですよ。昭和42年ごろ。
桝井／タレントさんや芸能人の人と違うのは、そういう仕事をしてもアナウンサーとしてちゃんと元に戻れる、そこにつながった部屋を二つ持ってるというところが違うんだと思いますけどね。

久米／最初〝ワタクシ〟って言ってたのが、すぐ〝ボク〟になって、あっという間に〝オレ〟だから。一気呵成でしたよね、オレまで。

桝井／アナウンサーにいろいろなことを要求されるようになって、久米クンと赤坂の…。

久米／クンを付けないでもらえますか、思いついたように。（笑）

桝井／いつもこの調子だからね。（笑）赤坂で夕方おそば食べに行ったの、そしたら芸者さんがお座敷前にお蕎麦食べに来てたわけ。

小島／赤坂に芸者さんがいらしたんですねえ。

桝井／そうそう、ボクはそれ見てて、このあと、お座敷があってこの人の人生ってどういう人生なんだろうと考えてた。そしたら突然、彼が「論平さん、どうしてお蕎麦食べる前に、口紅塗るんでしょうね？」って言ったんだ。あ、女の人って食べる前に塗るんだ、食べてから塗るんじゃないんだ、すごい観察力だなって思った。

小島／でも、今の会話聞いてても思うんですけど、久米さんって後輩にしたらうっとおしいタイプですよね、いちいち。

久米／えっ。

小島／いちいち先輩のいうことに…。

久米／例えば女の人に、「ねえ、口紅塗るのキスしたあとの方がいいんじゃない」って言ったりなんかするほうですよ、ボクは。

小島／それって、どういうこと…。

久米／うっとおしくはないよ、だから話は全然違って。

桝井／そういう感性がアナウンサーに求められるようになってきたでしょ。パーソナリティとしてね。だから人間としてトータルな情報っていうものをお伝えすることが大事だって話をしたことがあるんだよね。

小島／前提としてアナウンサーなのに面白いなんとかさん、なのにアナウンサーみたいじゃないなんとかさん、ていう前提があって面白がってもらえる、っていうのありませんか。

桝井／ありますよ、らしく、じゃなくてそのものでいいんじゃないの？

小島／久米さん、その辺はどうやって闘われたんですか？

久米／ボクはアナウンサーとは言ってないです。司会者ですとは言ってましたけどね。ニュースキャスターではない、と言い続けました。論平さんの「ニュースキャスターのオトシマエ」（P180よりの資料参照）っていう文章もネット上で読みましたけどね。

桝井／読んだ？　ニュースステーションの最終回に、彼は二つ私的な行為をした。一つは

「もう言う機会がないので」と言って「私はイラクに自衛隊を派遣するのに反対です」と言った。ニュースキャスターとしては言っちゃいけないとこなんだ。久米宏として、ポーンと飛んだんだね。今までも彼はうーんと自己規制してきたと思うんだな、それをポーンとそこで弾いて私的な行為なんだけど、キャスターでも言ってもいいじゃないかっていう、スレスレのとこ行ったんだな。もう一つは最後に乾杯したでしょ、一人で。周りの人がいるのに全部無視して乾杯した、それはなぜかっていうと、この番組は私の番組です、って強烈にアピールしたんだと思う。だからボクは「久米宏は最終回に二つオトシマエを付けて、気持ちよくニュースステーションをおさらばしたんでしょう」って書いたんだよな。

久米／よく憶えてますね、今内容一生懸命思い出そうとして、あれボク辞めた直後にお書きになった文章でしょ、急に敬語を使ったりして。お書きになったお文章でらっしゃいますから、もう4年前…。それもうボクだったら忘れてるね。

小島／え、でも久米さん、それをお読みになった時に、ああ論平さんよくご覧になってると思ったんですか？

久米／いや、あれはもっと悪意に満ちた文章でね、一人でビール飲んだ時は、みんなの出演者を置いといて勝手に飲んで、これは俺の番組なんだとテレビ見てる人にしっかりと印象付けるための、自己満足的行為である、ってニュアンスでしたね。

桝井／いや、そうじゃなくて、すごい気持ちよかったろって思ったんですよ、それは。

小島／やっぱり後輩にしたくないタイプですよね、久米さんは。

桝井／後輩、先輩じゃなくて同僚っていうか…。今のボクから言えば、あとついてくらいな。（笑）

久米／ＴＢＳの社員になって、結核やって治った後って、けっこう努力家でしたよね。ここでいうのもなんですけど。チャランポランに見せてましたけど、割と努力はしてたんだよ。

桝井／すごい闘いしてたよね、ラジオとどう闘うか、テレビとどう闘うか、今度テレビと闘いたいって言って、切り替えて行ったんだよね。

小島／桝井さん自身もそうでしたもんね、重なりますよね。

桝井／重なるところもあるけど、久米宏っていう存在と同じアナウンス室にいた、っていうのはよかったと思ってる。

久米／ホントに。（笑）

桝井／入ったときから、もう入社試験の時からいきさつがあるわけ。彼は受験生でボクは審査員じゃないけど、試験官だったの。

小島／若い試験官ですね。

桝井／インタビューがあって、疑似存在になって、ボクは加藤剛さんと、仲代達矢さんと平幹二朗さんの役をしてたの、それを受験生がインタビューする。

久米／このシーンは、はっきり憶えてるんですけど、ボクは仲代達矢さんを選びました。

小島／受験生がその役者さんにインタビューをする設定なんですか？

久米／設定なの、だから桝井さんは仲代達矢になり切らなきゃいけないんです。当時俳優座がアンナカレーニナっていう作品を上演してて、アンナカレーニナっていうのは、ロシアっていうのは旦那さんの名前の後ろにAを付けて奥さんが名乗るんですけど、アンナカレーニナを河内桃子さんがその役をやって、カレーニングをたぶん仲代さんがやったと思って、ボクが論平さんにインタビューするっていうのは、たしか第5次試験か、そんなもんですよね。

桝井／最終的ですよ。

久米／6次試験くらいの試験だった？

桝井／そしたら、突然ね「仲代さん、前の公演はどういう役でしたかね」って聞くんだよ。その時、仲代達矢になり切ることはインプットしてるけど、「前」って言われて、ウーン、

ウーン、ウーン…。そしたらね、ズバっと「お互い勉強不足ですね」って言ったんだよ。審査員は大爆笑！　ボクはカーッとなってね。その時は自分が仲代達矢になってて、しゃっちょこばってたわけだよ、だからもう切り返せない。あとで考えた、そうか、これはもう切り返さなくちゃいけない。ボクは仲代達矢じゃないんだから、そんなこと言われたってわかりっこないじゃないか、顔は似てるかもしれないけど本物じゃない、もうちょっとまともな質問しろって、今なら切り返せるんだけど、ガッチガチになってる。それを社長が見てました。で彼がＴＢＳに入ってきた。この生意気な奴は来たらとっちめてやると思ったんだけど、なかなかいい奴だったんだ。その時に思ったんだけど、自分の立場とか権威とかに縛られて、しゃっちょこばってる人間の皮をはぐっていうセンスがね、彼には最初からあったんだ。それはニューステーションまで続いてんだけど、わかりやすく言うと「人を小馬鹿にする」っていう、それは次元が低い権力や権威に対して、冷たく突っぱねる、小馬鹿にするっていうことは凄く大事、それを彼はあの時から持ってた。

久米／それは今、言われてわかったんですけど、桝井論平さんって、割といいスーツ着て、それは重役面接の一つだったんです。サブ調整室に社長以下全員そろってて、スタジオの中でボクと桝井さんが対談するんですけど、桝井さんがＴＢＳアナウンサーの中ではいい立場にいる、っていうのはなんとなく様子でわかるわけですよ。向こうで役員が見てるわけですよ。その役員が見てる中で、ＴＢＳの割と優秀なアナウンサーの演じる仲代達矢として座ってるわけです。

桝井／そうそうそう。

久米／そうすると、この男がギャフンとすることになったら、たぶん役員たちは喜ぶだろうな、と思ったわけです。

小島／フーン。

久米／あいつは優秀なんだと思ってるヤツが、たった一人の早稲田大学の学生によって化けの皮がはがされてしまうというシーンがあったら、結局役員は喜ぶだろうし、ボクも痛快だろうと思ったに違いないんです、多分。この男をかなり困った立場に追い込むだろうと…。自分は優秀なＴＢＳのアナウンサーだとどっかで思ってる風情があったし。

桝井／お前、入った時から可愛くないよ、たしかに。

全員／ハハハハ。（爆笑）

桝井／これは僕にとっては強烈なある種のサジェスチョンだった。「論平さん、しゃっちょこばっちゃダメよ」って言われたみたいな。これは自分が悪い、だから、あの立場ではこうやって切り返さなきゃ…。もっとやわらかい気持ちになんなきゃダメ、って自分の中であって、それが深夜放送につながっていったんだ。

久米／ボクもねえ、あの時のインタビューはサブに役員が全部いるの知ってたんですよ。

桝井／金魚鉢の向こうにね。

久米／メインはね、その人たちを喜ばせようと思ってた。ＴＢＳの試験ってボクにとって遊びだったから。受かると思ってないし、受かるはずなかったんだから、ボクなんか。何の訓練も受けてないから。サービス精神で試験官を喜ばせようっていうのがメインだったの、あの試験。そしたら受かっちゃった偶然。

桝井／運命の出会いだね。

久米／リクエストです。武蔵野市にお住いのジロージージー66歳のリクエスト、チャック・ベリーです。ロック&ロールミュージック。

久米／さいたま市にお住いのＫＨさん、57歳。「論平さん、ラジオでお声を聞くのはホントにひさしぶりです。論平さんの放送で今でも憶えているのは、三島由紀夫が自殺した日のパックインミュージックです。あの日、論平さんはかなりショックで、混乱しているようでした。その放送の迫力を記憶しています。一度、このことをお伝えしたかったので」
桝井／ありがとうございます。
久米／あの器というのをいつも持ってきていただいているのですが、〈その人の器を測る〉っていうバカな企画ですいません。
桝井／うちのカミサンがねえ、陶芸のサークルで〈土ふね〉っていうんですけど、20年くらいやってるんですよ。これは初期の作品なんですけどね。
久米／これは骨壺（こつつぼ）ですか？
小島／違いますよ、水差し。
桝井／いや、水差しなんだけど、当たってる。
小島／エッ！
桝井／これはマイ骨壺なんだ。
久米／ホントに？
桝井／骨壺にしようと思ってるんだ。
小島／水差しじゃないんですか？
久米／カタチは骨壺だもん、完全に。

桝井／それでマイ骨壺、そういうのがあってもいいじゃない。

久米／飲み屋に置いとくんですよね、死んだら頼むねって。

桝井／というよりも、究極の器なんだ、こんなかに入って終わりでしょ。

小島／ブドウの模様ですね。

久米／これ、奥様が焼いたんですか？

桝井／そうなんです、ちょっとこれじゃ入り切れないから、もうちょっと大きいのにしてよって言ったら、そんなの作るのまだイヤだって言ってるから、とりあえずこれ試作品なのね。

久米／これ奥様なかなかいい腕ですね。素人のモノって思えませんよ。

桝井／もう一つはこれ。

小島／わー！　ふくろう！

桝井／これが最近、公民館やなんかの文化祭に出すといいんです。これ、お腹(なか)も大きいでしょ、お腹あいてますから。

久米／これ中でお香焚(た)いたりするんじゃないですか？

小島／蚊(か)取り線香とか。

久米／蚊取り線香はお香ですからね。
小島／大きいからね、これ。
桝井／二つに分散すると入るかなと。
久米／骨が？
小島／え、このふくろうさんはじゃ将来底をつけて、入れ物にするわけですか？
桝井／で、ちょっと一応見てもらおうと思って持ってきました。
小島／素晴らしいですねえ。
久米／しかし、日本の年寄りも変わってきて、論平さん年寄り扱いするつもりはありませんけど。（笑）やっぱり、これから老後どうするおつもりですか？　って聞く気にもならないタイプの人って増えてきましたよね、論平さんみたいに。これからどうするおつもりですか、って聞いてもしょうがないような…。
桝井／でも、あと何十年生きるか、だから今人生が80年って言われてるけど、〝80から100までどう生きるか〟っていう時代にたぶんなってくるんだよね。そうすると90くらいになると、旅行行くにも何かするにも誰かのサポートが必要なんですけど、〝心の元気は100までいつまでもみずみずしくしていられますよ〟っていう話をして回ってんの。

100歳の双子のきんさんぎんさんが日本中の人に教えてくれたっていう、それは人と楽しく付き合う、そういう心。

やっぱり、社会的生活が欠乏するようになると、引きこもりとか、そうなりますよね。〝ニッコリ笑ってこんにちは〟っていうのがね、それが言えればいい。ニッコリ笑ってこんにちはって、なかなか言えないんですよ。言えれば心の端がつながるから、そうすると人と人との付き合いがまた広がっていくんだけど。で、これは骨壺。

久米／あの。結構重いですね。

桝井／重いでしょ。

久米／奥様はアナウンス室で…。

桝井／庶務のアルバイトしてて…。

久米／久美子ちゃんっていって、旧姓新山さんって方なんです。ボク会ったことあるはずなんです。今、一生懸命思い出そうとしてるんですけど。それはそうと、この番組やってください。丸一年になるんですよ、そろそろ。

桝井／何言ってんだよ。（笑）

久米／1年交替で。オールスター戦みたいに1イニングづつで。

小島／またぜひいらしてください。ありがとうございました。

久米／ありがとうございました。

桝井／こちらこそ、今日はどうもありがとう。

小島／今日は桝井論平さんにお話を伺いました。「久米宏 ラジオなんですけど」この時間は○○証券がお届けいたしました。

takahashi

［参考資料］ニュースキャスターのオトシマエ

2004年5月19日　ロンペー・ブログより

ニュースステーションの最終回の放送の中で、久米宏が行なった二つの私的行為が印象に残りました。一つは「もう言う機会がないので」と断ったあと「私はイラクへの自衛隊の派遣には反対です」と言ったことです。

もう一つは終了間際に、自分へのご褒美だと言って、居並ぶお仲間を無視したうえで、自らビールで乾杯したことです。一瞬、ご愛嬌のようにも見えましたが、これはもっと強烈な自己顕示だったように思います。つまり、この番組は私の番組なのだと、はっきりシメシをつけたのです。

〝イラク発言〟は唐突でしたが、最終回とはいえ、ニュース番組の中で、メインキャスターが自らの政治的立場を鮮明に表明するというタブーに挑戦しました。かつてない既成事実を作ったのです。これが私的行為に当たるかどうかは、議論の分かれるところですが、久米宏本人としてみれば、公的な発言のつもりだったかもしれません。そういうニュースがあってもいいではないか。私はそういうニュースがやりたかったのだ、という思いを籠めたのかもしれません。

あれも言えない、これも言えないと「自己規制」の網がかぶせられ、その上に更に会社の上層部からきびしいチェックの目で監視され続けてきたとすれば、よほど腹に据えかねる状況の中で、我慢に我慢を重ねてきた結果の発言だったという風にも思えます。

私が私的行為というのは、そういうウップン晴らしの要素が色濃く見えたからです。これは放送局の内側にいた人間でなければ分からないことでもあります。ですが、これは、ある意味でオトシマエをつけた、と言っていいでしょう。二つの私的行為で、一つはシメシをつけ、一つはオトシマエをつけたと私は見ています。これできっと彼は、上機嫌でテレビ朝日をおさらばできたはずです。

ラストウィークの放送では「久米宏vs権力」というタイトル（3月24日水曜）で、政治家を相手にした、バトルインタビューを回顧していましたが、その舌鋒の鋭さには感心します。

彼は「政治を風俗の如く語れ」という大宅壮一のコトバが座右の銘だったと述懐しました。政治も風俗も現象は、はかない刹那の夢のようなものですが、底に流れる欲望はマグマのように永遠に燃え続けます。彼は見せかけの〝永田町の論理〟を嫌い、誰にもわかるコトバで話しなさい、とハラを立てて突っ込んだわけです。

風俗のレベルで言えば、アンタあたしを抱きたいの、抱きたくないの、ハッキリしてよといった案配です。政治家の発言は、そのコトバのウラを読めという、持ちつ持たれつの記者クラブ的カムフラージュがハバを利かせる中で、彼のインタビューは歯切れがよくて痛快でした。わけ知り顔の政治記者とは姿勢が違っていました。

しかし、彼のことですから、百も承知だったと思いますが、テレビは風俗以上に刹那的です。〝テレビよ、おまえはただの現在にすぎない〟という名言がありますが、番組終了と同時に、久米宏も消えてしまいました。彼のコトバは残らず、タレント久米宏という存在だけが残ったのです。

〝ニュースキャスターよ、おまえはただの現在にすぎない〟と言いかえてみると、ニュースキャスターという生業の空しさが浮き上がって見えてきます。それが私たちへの久米宏のおみやげでした。

3

〝ロンペー〟グラフィティ
語る、書く、盛り上げる、いつも「あったかい心」で

人々の、寝静まった真夜中の、真っ暗闇の空間に、解き放たれた情念の雄叫びが、走り、流れ、突き刺さる。己れ自身の存在を賭け、そのような情念を燃えたたせ、煮えたぎらせて人は生きる。

恐れることはない。叫びたまえ。激しい雄叫びを。心からなる絶叫を。

共に行こう。真夜中の無明の旅に。ぼくら自身の情念を、引きずりながら出かけよう。果てはない。（1970 3・20）「ぼくは深夜を解放する！」より

マイクの向こうには「世界」がある、そう思って語りかけてきた、と…。

1939～

小岩の生家にて、べそをかいている。「車が雑草を踏んでかわいそう」3歳にして、生命への愛にあふれていた。

開成中学時代、新聞部の豆記者だった。(写真左端)

初恋は新聞部の企画「女子高めぐり」で知り合った高校生とであった。

高校入学は昭和30年、部活に熱中しすぎて追試による赤丸進級。(笑)

1964～

業界用語でいうところの「初鳴き」は「東京オリンピックまであと100日」というカウントダウンアナウンスだった。

朝ワイドのリポーターを務める。夜型人間につき宿直室からの出勤もしばしば。

土曜ワイドのリポーターとして、新幹線上野駅開業をレポート中の一コマ。

当時のテープはオープンリール、マイクは20センチ以上あったし、スタジオにゴキブリはいるし、長屋のようでした。

イベントやセレモニーの司会に引っぱりだこ、盛り上げ上手だからかな。(笑)

インタビューのコツは、ひたすら「あなたに会えてよかった」という気持ちでマイクを持つこと。

「スーパーワイドぴいぷる」は当時の目玉番組、水曜担当で嵐山弘三郎さんとコンビを組んだ。

土曜ワイドではＴＢＳキャスタードライバーの女性と1日中一緒だった。もてあそばれているロンペー。

アナウンス室の仲間たちと。左から小島一慶、故・松宮一彦、大澤悠里、ロンペー、生島ヒロシ。「みんな、若いねえ」。

1990〜

家族写真。平成元年鎌ヶ谷の自宅で、左から、妻・久美子さん、ロンペー、長男・深さん、長女・あけぼのさん。（撮影・大澤悠里）

企画事業部に移ってからもイベントに司会に大忙しだった。

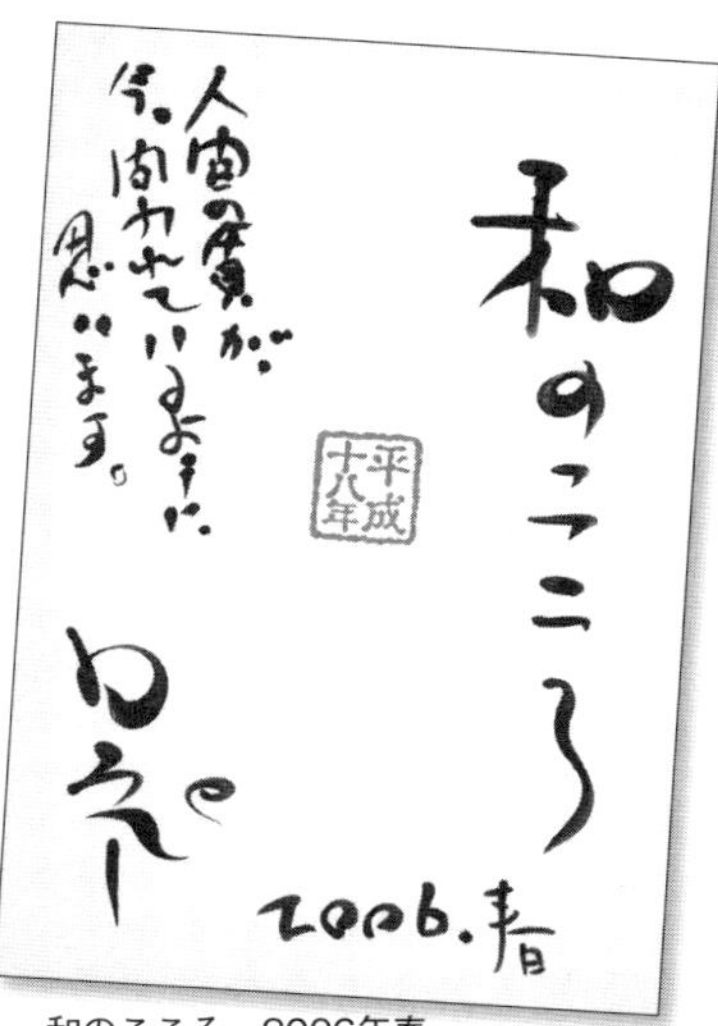

和のこころ　2006年春

自然流　2005年春

個性派だけど人柄がにじみ出る達筆

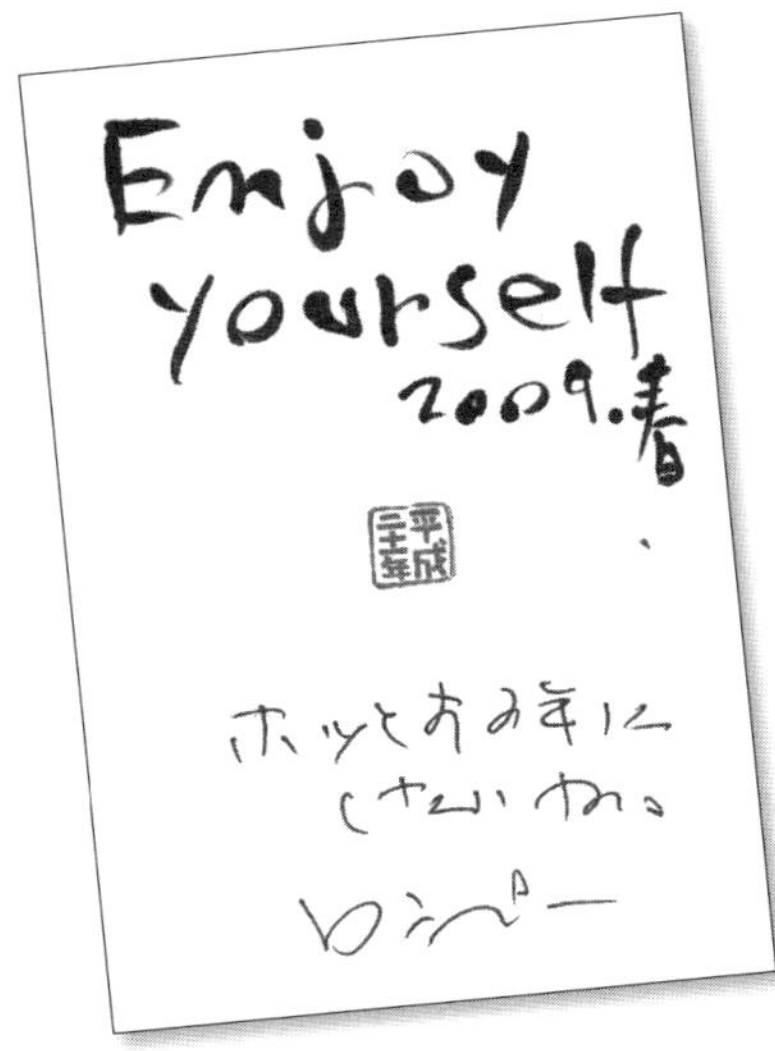

いたわり合う　2016年春

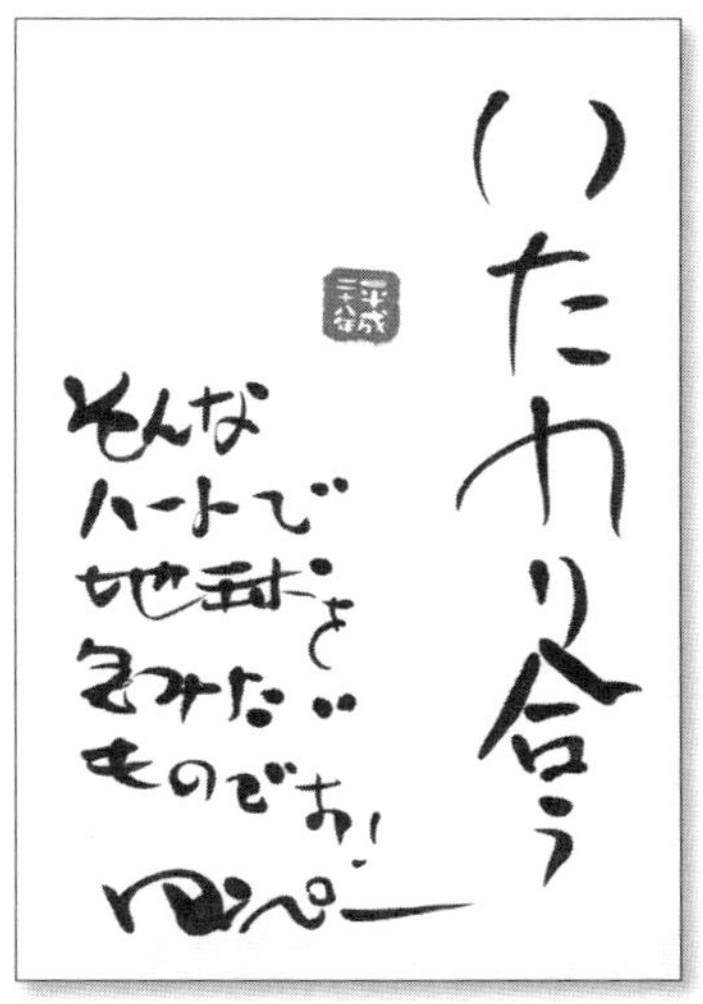

Enjoy Yourself　2009年春

リスナーたちの解説

「ロンペー節」賛歌

冬崎流峰

私とロンペーとの出会いは約47年前にさかのぼる。それは、「出会い」という日本語で表現してしまっては不十分極まりない事象であった。(大げさかなぁ)とにかく衝撃的だった。付録によれば〈センセーショナルでヒューマンな…〉という言い方で番組紹介してあったが、その深夜放送パックインミュージック日曜第二部を聴いてしまった時が、今のこの文章へつながっていく歴史の始まりである。深夜3時からという、まぁとんでもない時間にラジオから流れ出てくるとんでもない声と語り。当時高校生の私は毎週毎週、このとんでもない時間に起きてラジオを聴くしかなかったのでありました!

野沢那智さんのナチチャコパック、オールナイトニッポンのカメ&アンコー、セイヤングのみのもんた等、たぶん流行的文化現象だった深夜放送。そこそこ人並みにハマっていた私にとっては、それなりには楽しい、まあテレビの連ドラを待ち受けているようなものだった気がする。それは夜中の0時1時という時間にリクエストの葉書を出し、眠いのを我慢して聴くという、ちょっと非日常の部分が後押ししていてくれたような、そんな楽しみ、冒険だったたかもしれない。

しかしである。それまでの深夜放送リスナー歴1年くらいの常識的認識からいうと、けた外れというか、型破りというか、要するに期待想定範囲外の初体験的別世界が、夜中の3時からのラジオにあったのである。たまたま、何かの拍子でそんな遅くまで起きていた土曜日があったという、天の配剤、宇宙の摂理的運命の夜中だったという事にしておこう。

一つのキーワードは「本音」ということだった気がする。「体裁をつくろわない」といってもいいかもしれない。

人は皆、常にといってもいいだろう、感情を持っている。体験の連続である人生において、体験ごとに受け取る感情がある。それは考えたり善悪とかの判断をしたりすることとは全く無縁なもので、人間の内側にあるそれぞれの人の本質であるともいえる。赤ちゃんはこれらをストレートに表現する。からだ全体を使って…。

そして、言葉が使えるようになり、より明確に表現できる年齢になってくると、思考や判断という能力が表現に影響力を及ぼすようになる。人間の性（さが）だ。人間だけが持つ特有の業（わざ）というか業（ごう）というか…。本当の心の中のもの、湧き上がる感情はフィルターにかけられて、本来子どもが持っているストレートな感情の発露発現は、奇妙にねじ曲がっていく。「こういうとあの人を傷つけちゃうんではないか…」「こう言うとあの人になんと思われるだろう…」。

「人生とは人間関係である」というのはけだし名言だと思う。感情が言葉に直結しているうちはともかく、言葉というのは操作できてしまうので、ここにもろもろの人間関係上の問題が発生してくる。しゃべっていること、言葉が、自分ではない状況が頻発してしまう。結果、気分が閉塞する。

えらそうなことを並べ立てた。が、人間関係とはすなわち伝えることと、受けとめることだとしたら、それらをきちっとできたならどんなにすばらしいことだろう。ロンペーは、ロンペーのパックは、私の「伝える」を「受けとって」くれた。そしてそれが私に理解できた（理解できたからのめり込んだ）のは、「ロンペーの言葉と声」のゆえだったんだということに、この本の原稿を読んでいまさらながらに気づかされた。

心の中が微妙に出てきちゃうのが声…。そうなんですよ！　言葉はもちろん大事なんだけど、言葉というのは、それぞれの人生の中でこれが自分だ（と思っている）考え、判断によって選択し使われるのみならず、トラウマ、カルマといった潜在意識によっても選択され発言・発現されるわけで、それは人間のありようとして必然であるし悪いことではないのだけれど、どうしても表面的な、下手な考えの産物としての表現になりやすい。それに対して声はそうはなりにくい。言葉は頭から出てくるが、声は体の中から出てくるというかんじかな。キミの声はこの世でキミしか出せない声だ…という名言が本文中にあるが、これぞまさにロンペー節だと思う。

冒頭にこれは「話術」の本だとある。確かにそうなんだろう。ボイストレーニングや、きれいな発音、アクセントなどのについての解説がロンペー流に丁寧に書かれている。いろいろなトレーニングもやってみたくなる。いい声といやな声に関する考察も極めて興味深い。

その上で改めてこの本を読んで感じるのはロンペー流の愛だ。照れくさい言い方だがそれは、「キミのキャラは最高に素晴らしい」「人間はみな違う。だから面白い」「この先キミが出会う様々な人と人との付き合いの中から、キミの変化成長が花が咲くように生まれてくる」「人生は人と人とのふれあい祭り」（いずれも本文中からの引用）といった文脈に象徴される愛と未来への想いだ。

ロンペーが本を書いたので解説を書いて欲しいという連絡があった。「解説」という単語にはこだわらなくていいという事で気軽にひきうけたものの、やはり中身を読まなきゃ書けるものじゃない。んで読む。そして何を書くか妄想にふける。気がつくと、自分自身を見つめ直すありがたい体験をしているわけだ。

そもそも、高校生なりに語感、字感が気に入って決めたこの冬崎流峰というペンネームは、深夜放送に投稿する際に使うためにいじくりだされたものである。それがかくも生涯使い続けるものとなろうとは…。ロンペーのパックと「ぼくは深夜を解放する」の出版のおかげであるのは間違いのない事実だ。さらに、私のそれ以後の人生が、あのたった1年にも満たない期間のロンペーとパックなしでは語れない、というのもまた驚くべき事実なのだ。

思い出してしまう。私はその鍛えられた声と語り口に魅せられた…なんて表現になるのだろうか。そして今、そのパワーがまったく変わっていない。正直いまさら何を書いたのかとチラッと思ったりもしたのだがナンノナンノ、ここにはまだまだとんでもなく深化・発展しそうなロンペー節があって、私は一人うれしがっているのである。

冬崎流峰（ふゆさきりゅうほう）
51年9月、東京・池袋生まれ。私立武蔵中・高時代は野球、麻雀、ロンペーパックに溺れる。送られた手紙は、ほぼ毎週「冬崎流峰クンからの報告」としてオンエアされた。東北大中退後、仙台にてコミューン「雀の森」結成。機関紙「時空間」発行、単車とヒッチでの日本一周などユニークな活動で知られた。現在長野戸隠の不思議自由空間、雪と緑の共和国チリア運営委員。埼玉県蓮田市で妻・りつこさんと二人暮らし。2男と孫3人。戸籍上の名前は、波多野順治。

論平さんと私

駒井邦彦

私は小学校で放送委員会に所属していましたが5年生の時にある事件が起こりました。この時に先輩の6年生は何と無断で昼休みの放送で当時流行していたザ・フォーク・クルセダーズの「帰って来た酔っ払い」のレコードをかけたのです。驚いて先生は放送室に飛んで来るし夕方の職員会議では問題になるはで大変だったみたいです。今思うと「先輩よくやった！」で、このときあたりから論平さんを長年応援するような魂が根付いたのかもしれません。

深夜放送の聞き始めもクラスメイトよりも遅く、論平パックの放送を聞き始めるのが大幅に遅れ大半を聞き逃しました。中3になる春、毎週水曜日の論平さんのパックの放送を「あ、この人は凄い！」と思って「さあ～聞くぞ」とにダイヤルを合わせたら何とキンキン（愛川欽也さん）の声です。私は「あじゃ～やってもうた～」の気分で「何で辞めたんだ～！」と思った次第です。

一方で、当時論平さんが現場からの奮闘中継をしていた「永六輔の土曜ワイドラジオＴＯＫＹＯ」は第1回から聞き始めクラブ活動さえもさぼって聞いていていました。しかし残念なことに9月で降板。受験はあるし論平さんの声はCMとテレビのスポンサー名の紹介の声のみ。クラスメイトは殆どみんな論平さんのことは知らないしで、ストレスは溜まりっぱなし。遂にＴＢＳの論平さんに電話をしてしまいました。タイミング良く1回でつながり、降板は局の事情と聴取者の低年齢化に原因が有ると伝えられました。一応は話に納得しましたがこれで終わるわけにいきません。

さて中学を卒業して論平さんを応援する戦闘態勢が完了です。忘れもしない１９７２年3月27日にＴＢＳ前の喫茶店で初めてお会いしました。その時から40年以上の付き合いになるとは夢にも思ってもいませんでした。またこの日は、ＴＢＳにもう一つの用事がありました。それは当時の中高生に人気のあった野沢那智さん（ナッチャン）と白石冬美さん（チャコチャン）司会の「ヤングスタジオＬＯＶＥ」という公開生放送があり、それをスタジオの入口で並んで観覧する予定でした。しかし時間に遅れてしまい入れませんでした。

論平さんに言うと「こっちへこい」と副調整室（金魚鉢）に連れていかれ「ここから観るやつはあんまり居ないんだぜ」と、極上の席から見せてもらったのを憶えています。その後に受付に許可をもらって番組の最後まで観ることが出来ました。当時ちゃんと並んで入った方はすみませんでした。

71年「パックインミュージック」と「永六輔の土曜ワイドラジオTOKYO」を降板後は、メインを張る番組は約10年間ありませんでした。しかし1回だけ大きな特番を担当したことが有ります。75年の大晦日から76年の元旦にかけて全民放AMラジオ48局で同時放送された「ゆく年くる年」です。スタジオの総合司会は論平さん、小室等さん、岩崎直子さん。現場中継は久米宏さん、小島一慶さん、みのもんたさん、上野泰夫さん（秋田放送）の方々です。番組の詳細は省きますがひとつだけ内容をご紹介しますと、久米さんはこの時に紅白歌合戦の終了後の岩崎宏美さんの行動を、元旦の午前1時近くまでの追っかける放送を行いました。これは後のザ・ベストテンの追っかけの原点だったと思われます。「ゆく年くる年」は現在なくなりましたが当時は輪番制でTBS、文化放送、ニッポン放送の順で制作されました。その後の3年間を例に取りますと総合司会はみのさん、タモリさん、久米さんの順で担当されました。お気付きの方も多いと思いますがこの3人は当時のラジオでだいぶ人気が出てきて、その後にテレビで大活躍された方ばかりです。論平さんは過去の「パック」の実績や若者に対する言葉の発信力の強さで抜擢されたのです。

話は変わりますが同じ年にこういうこともありました。この年に私は浪人をして論平さんに電話でその件を報告したところ電話をしたその日かその数日後に「東京赤坂歌謡曲」という夜の6時半頃の小さな生番組の中で「昔、深夜放送やってたんですよ。その時に聞いていた人から電話がありまして『浪人しちゃった』て言うんですよ。声は暗くなかったですけどね」と発言して個人名はもちろん無かったですが私のことを話題にしたのでビックリ仰天したことがありました。ラジオはこういうことが出来るから面白いですね。

「私がその期間にＴＢＳに訪問または電話をかけた時の受付嬢と電話交換手さんとの間で体験した思い出です。

以下受付嬢と電話交換手さんとの会話。

私「桝井論平アナウンサーをお願いいたします」

受付嬢または交換手「はい」でも一瞬そんなアナウンサー居たかなぁ？　と間があり。名簿を捜してから内心「あ、いた！」と言う感じでいつも取り次いでもらいました。ファンとして当時は大変寂しい気持ちになったものです。

しかし寂しい10年間が有りましたが81年10月にラジオのレギュラー番組「アクションタイム・見出しのヒーロー」（月〜金の朝・新聞の見出しを面白おかしく紹介）を持って論平さんは本領を発揮。10年間のブランクを感じさせずに聴取率はいきなりトップを取りTBS系列の優秀者を表彰する「アノンシスト賞」も受賞しました。残念ながら手元に音源は残っていないのですが当時の有楽町の局の社長さんが悔しがり「あれだけはうちにも真似が出来ない」と言ったとか言わないとか。ファンとしてはただひと言「格が違うぜ！」と思った次第です。また当時勤めていた会社の私の隣の席に座っていた中年女性が「アクションタイム」のファンの方で「朝、新聞の見出しを面白く紹介する人がいるのよ」と言われたので「私も面白いので聞いています」とは言いましたがさすがに中学生時代からファンで、なおかつ知り合いですとは言えませんでした。

55歳で論平さんはアナウンサーからＴＢＳハウジングの仕事に異動になりました。職場に訪問をした時に、私の目に論平さんの机上に女性が使う様な顔全体が写る鏡が飛び込んで来ました。他の社員の方の机上にはありません。皆さんはなぜだと思われますか。異動にはなりましたが局内の仕事は多岐に渡る様で、番組やイベントに関する発表会、表彰式、記念パーティ、はたまた年一回の株主総会などでも司会者として活躍していたようです。論平さんは「なんでもござれ」でしたから当時の役員さんから急に司会者が必要になるとアナウンサーの部署を離れても「あいつを呼んで来て」となり、鏡の前で御髪を整えていざ出陣となったのでした。

数年前に私は論平さんにある催事の講演会をお願いして、私が司会を務めました。参加人数は１００人位でしたが論平さんは自分の出番前の方の講演中に到着して暫くしてから聴講者の様子を眺めて「今日の原稿を作る」と言って何処かへ行ってしまいました。それこそ１００回以上は講演しているのだから「え！」と思いました。そこまでやるかという感じです。さて講演会の始まりです。論平さんからのアドバイスは「ゆっくり話せよ」でした。私は論平さんの略歴原稿は読まないと決めていましたが、１週くらい前から略歴はともかく声が枯れないように発声練習です。またこの練習がこの本に書かれているように気持ち良くて声が枯れなくなりました。開始部分の司会は問題なし。論平さんは1時間「話術」の話をもちろん原稿無し、興奮で顔を赤らめて無事に終了です。さて終了時の私も司会者としてひと言いわねばなりません。その日の外は土砂降りでした。私は「桝井論平さんの熱気と迫力ある素晴らしい講演で外の雨も何処かへすっ飛んでいることでしょう」とまとめたら、論平さんは「ハッ、ハッ、ハッ」と笑ってました。講演会は拍手と共に無事に終了です。この本を読んでいたら、もう少しうまくできていたかもしれません。

駒井邦彦（こまいくにひこ）
1957年大田区池上生まれ。攻玉社高校、産業能率短大卒。中学生時代から論平パックにはまり、追っかけ&マニアとなる。職業は大学生協書籍部を皮切りに転職2回、マンション管理士資格所有。「論平」に関連する記事、音源多数所持（本人より多い）。独身のため、いまだ論平氏に結婚式の司会は頼めず。

ささやかな製作ノート

小島宣明

深夜1時、〝クリーデンス・クリアーウォーター・リーバイバル、Let's go!〟の絶叫から始まる2時間。机の上のチャート式も豆単も、アリバイ工作として開いているだけだった。そのシャウト&アジテーションは他局、他曜日のそれとは全然趣向を異にしていた。三里塚第一次強制代執行の実況を、少年行動隊サイドから中継するなんて、このパーソナリティは尊敬に値する。偏っている、と言わば言え。偏った中に真理を見出す手法に17歳の心は揺れた。できることならこんな仕事をしたい！　と思った。ニュースコープのキャスター田英夫氏が、ベトナム市民の側からベトナム戦争を取材し、結果として降板になったのは1967年、ラジオとテレビ、メディアは違えど同じTBS・赤坂から流れた電波だった。

いわゆるハガキ職人のまねごとをしていた高校時代、月曜に20枚ハガキを買う。1週間で送りつくした。有楽町と四谷と赤坂…　赤坂がいちばん多かった。深夜、机に向かって、色鉛筆とサインペンで、ひたすらハガキのキャンパスと格闘していた。もちろん論平のところにも何通かは送っている。読まれたことはない。軽い作風だったので、採用されやすい番組をターゲットにした方が多い。投稿の基準は「読まれること」が最優先、まだ「少年」だった。

なんとか大学受験が終了した3月上旬、そのパーソナリティから電話がかかってきた。「番組制作に応募してくれてありがとう、キミに参加してもらいたいので電話しました。TBSに3週間くらい通ってくれるかな?」そういえば、先週、彼はパックインミュージックを降りるにあたって、今春卒業する高校生に番組を作ってもらいたい、我こそは、と思う諸君は応募してもらいたい」とマイクロフォンを通して呼びかけ、自分は当たり前のように応募していたんだ。少年と師は、そうして知りあった。

以来、節目のたびに局舎正面にあった喫茶店「一新」を訪ねる関係となる。師の時に熱く、いや常に熱く、時代を人間を視る眼には瞠目(どうもく)を禁じえなかった。それは「人間派」として生きていくためのコーランを聞きに行ったようなものかも。結婚式では仲人兼司会をしてもらい、彼のTBS卒業式にも畏れ多くもリスナー代表としてお邪魔した。びっくらこいたのは、退職後、鎌ヶ谷市長選に立候補したことで、ひと声かけてくれれば手弁当で応援に行ったのに、とホゾを噛んだ。「老後、鎌ヶ谷に引きこもってちゃいけませんよ」と、松元ヒロさんの公演や、永六輔さんのトークに呼びつけたりもして、そのたびに言われた「ありがとうよ」は、弟子を自称するものとして素直に嬉しかった。

思うに論平は自分にとって南十字星だった。岐路に立った時、論平ならどうするか？どう言うか？　どう決断するか？　方向を見定める羅針盤として、常に頭の片隅にその存在があったような気がする。今年、集英社から出版された「１９７４年のサマークリスマス／林美雄とパックインミュージックの時代」は柳澤健氏の力作で、その帯には〈この本は、林美雄の、そして僕たちの奮闘記です。久米宏〉と記されている。面白かった。たぶん、だけれども久米さんも林さんも、どこかで論平を視野に入れながら、それは隣のコースで溺れているスイマーだったかもしれないし、秀吉にとっての信長だったかもしれないが、視線のどこかに入れながら、スタジオのマイクに向かっていたことは想像に難くない。あ、もしまだ読んでない人いたら読みましょうね、このノンフィクションは凄い！

とはいえ南十字星は遥かかなたである。間違っても師匠と同じことをしようとは思わない。市長選挙なんて、出るわけない。でもでも、どこにでも首を突っ込みたがる癖は、師から学んだ。そのことがあったから、こうして楽しい充実した60台を過ごしている。

「今、本を書いている」と聞いたのは、2年くらい前か。「おーい、できたぞぉ！」届いた封筒は原稿用紙200枚、元気に飛び跳ねている字は、昔から変わらない。中身は意外にも、「話しかたの極意」だった。そうでもないか、元アナウンサーだし…。当初のタイトルは「中学生・高校生のための〈幸せになる話術の本〉」だった。中身に「おや・まあ・へえ」の3要素はしっかり詰まっている。良書ではある。しかし購買力を喚起させるかどうかについては疑問符がついた。それでなくとも出版不況の時代、いちおうかつては、編集という「本の産婆」みたいな仕事をしていたので、ここはひと肌脱ぐしかない。現場から離れて20年はたっているが、なんとかしなければね。原稿の構成やらなんやら、あれこれ提案し、あっちこっち持ち込んだ挙句、「ほんの木」高橋利直さんのお陰で日の目を見ることになった。

師は「副読本として読んでもらってもいい」と言うのだが、学校よりむしろ社会人デビューする人たちに役立つコンテンツだろう。もしかしたら私たちのように定年過ぎた人にも役立つ本かもしれない。人生最後のラストスパートが効くかどうかは、その人の持っているコミュニティにかかっている。そこで問われるのは、その人の人柄だったり、企画力だったり、視線の位置だったり、時には金銭面の太っ腹さだったりするのだが、何より問われるのは発想とそれを伝えるコトバだろう。本書では技術論も展開されているが、やはりキモはハートの部分だ。いくら美辞麗句を流暢に話したところで、人の心は動かない。

パックインミュージックにちなんで、名付けた「第二部」も楽しいはずだ。なかでも、〝「久米宏 ラジオなんですけど／ゲストコーナー」再録〟は絶品である。午後2時からのオンエアだったが、当時、私は薄暮ゴルフに向かう途中で、コンビニの駐車場にクルマを止め、ひと言も聞き漏らすまいとした記憶がある。音源を所有していたのは、解説2を書いてくれた駒井さんで、彼のロンペー・マニアぶりにはほとほと感心した。テープ起こししていて、久米さんの話法は文末に修飾語を入れて表現の濃度を調整していることも大発見だった、たぶん。本来、単行本はワンテーマでまとめるべきものだが、自分の意向であれこれ詰め込んでしまった。まあ許されるだろう、著者自身「ひっちゃかめっちゃか」が口癖だし。

かなり高い確率で、師の著作としては最後の（といっても前作「ぼくは深夜を解放する」は71年の刊行で45年ぶり2冊目）作品になると思っている。余計なお世話だが、「お別れ会」のお土産にもなるようにアルバム「〃ロンぺー〃グラフィティ」も作っておいた。6万字余の本文、1万字のラジオ再録ほか、ほとんど自分のキーボードから1本指打法で叩きだした。表紙イラストレーション、ブックデザイン、印刷所、すべて信頼できるお友だちに発注できたので、自己満足度だけは極めて高い書籍となった。自分の「お別れ会」にも使えそうだ。となると意地でも絶版にはできない。全世界のまだ見ぬ読者の皆さん、午前5時までよろしくお願いしまーす！

小島宣明（こじまのぶあき）
1953年3月生まれ　東京都練馬区育ち。幼少時はNHKで子役など体験。文章デビューは「東京五輪豆記者観戦記」（読売新聞）。都立石神井高校～上智大学、75年光文社入社。女性自身、JJ、Gainer編集部をへて、宣伝部勤務。「もういいや」と思い勤続35年で退社。日本テニス協会広報委員、ときどきフリー編集者。妻1子1。子（長女）は国境なき医師団／看護師。

この本はこんな思いで書かせてもらいました

今、テレビの世界では、いわゆる「トーク番組」が花盛りです。どのチャンネルを回しても、ワイドショーやら、バラエティやら、トーク、トーク、トーク！　のオンパレードです。さらに最近では、旅ものや街歩きをしながらのおしゃべり番組も人気です。

そして、お笑い系を中心に「トークの達人たち」が続々登場して、まあ賑やかなこと。世はまさに、話術の時代！

しかもテレビの世界では、なんたって視聴率がイノチ。まずは視聴者にウケるかウケないか、芸人さんたちの大激戦が展開されています。笑いが取れるか、取れないか。取った方が勝ち。と、なりゃあ迫力もハンパじゃない。こっちもつい引き込まれて何だか〝お笑い予備軍〟みたいになっちゃったりしてね。学校や職場へ行っても、まず、そのノリで押しまくってさ。うまく盛り上がれば、やったぜなんだけど、何でもかんでも回りから笑いを取ったら、ハイそれで一丁あがり。これがトークだっていうだけじゃ、世の中通用しないんだよね。今さらながら、ボクも反省しています。

一方で、書店の棚にはズラリとお見事な「話術本」が並んでいます。ボクの友だちが書いたのもあります。でも、プロの話術本の得意技は、こういう時にはこう言いましょう、ああいう時にはああ言いましょう、といったテクニックがバッチリ満載の攻め技です。即戦力を身につけたい人は、それで大助かりなんだと思うけど、ボク的な立場から言うと「話術」をそういうテクニックで処理しちゃうだけで、ホントにいいのかなぁって思うんですね。

あれやこれや考えた末に、ボクがたどりついた結論は、まず人間は一人じゃ生きられない。いろんな人と話をして、いろんな人と付き合いながら、自分の人生を創り上げてゆくんじゃないだろうか。せっかく人生の大海原へ漕ぎ出しているんだもの、いい風を受けて、人と人とのつながりの大切さ、その中で生きる幸せを、しっかりとからだで覚えて欲しいなぁ。心で感じて欲しいなぁ、と思ったんです。

そして、まさに「話術」はそのためにある。そういう立場から少しでも役に立つように、という思いを込めて書いたのがこの本なんです。

これからの21世紀の世の中は、ますます地球が一つになって、様々なジャンルでのグローバル化がさらに進んでいくでしょう。日本の若者たちも世界の若者たちと共に、よりよい世界を築いていくためにはどうしたらいいのか、積極的に語り合いながらガンバってもらわなければなりません。しかし、欧米に比べて、そのような語り合いのための「話術教育」が、あまりにもないがしろにされているのではないかと心配なのです。

実際の教育現場では、一人ひとりの個性を伸ばす教育は大事にされても、〝その上で〟というレベルがないのかな。最近になってようやく学び手が主体的に問題を発見し解を見出していく能動的学び（アクティブ・ラーニング）という教育が導入されてきました。たいへんいいことだと思います。ボクはアナウンサーになって、まず基本になる発音、発声の大切さ、正しい日本語をわかりやすく、明瞭に話すことの厳しさを、なんと22歳を過ぎてから初めて学びました。

「話術」には学生時代からかなり自信があったのに、ギャフンです。〝目からウロコ〟というか、軽いカルチャーショックさえ受けました。だって、大学の弁論部で肩で風切っていたお兄さんでしたからね。つくづく「コトバ」で表現するということの、奥の深さを思い知らされたのです。

本書では、そのような体験から、そういった基本技術の習得のためのコーナーもしっかり設けました。そのうえで「日本語」というものの表現の豊かさをも、改めて見直していただけるよう、結構ガンバってまとめたつもりです。今の学校では、せいぜい国語の朗読の時に先生から「もっと大きな声で」と言われるのが関の山。その先生方にも「話術」を指導するための手がかりとして参考書代わりに使っていただけたらありがたい。ある面で学校教育の副読本としての役割も意識して構成したつもりです。

できるだけ、多くの皆さんに読んで欲しい。今はひたすら、そう願っています。また、この本をまとめるにあたって、貴重なアドバイスをいただいた「ほんの木」代表の高橋利直さん、スタッフの岡田承子さんに心からお礼を申し上げます。〝本を出す〟ということがどんなに大変なことか、色々と勉強させていただきました。ありがとうございました。

（２０１６年９月、鎌ヶ谷にて　ロンペー）

略歴　Ronpei Masui

「おやじは日本橋、お袋は浅草の出というわけで、よきにつけ悪しきにつけチャキチャキの江戸っ子です。母校の江戸川区立小岩小学校は、平成28年度で創立134年。中学高校では新聞づくり、大学では弁論部に熱中してワイワイやってました。TBS入社は東京オリンピックの年。同期のアナウンサーでは大澤悠里サン、一期先輩に鈴木史朗サンがいました。あとから久米宏や小島一慶、生島ヒロシが入ってくるわけです。TBS入社以来、芸能畑のアナウンサーとしてテレビのリポーターやナレーター、ラジオのワイド番組のパーソナリティー、寄席番組、歌番組の司会などを担当しました」。

1939年11月15日生まれ。私立開成学園中学・高校、学習院大学政治経済学部卒業。1964年ＴＢＳ入社、アナウンスセンター専任部長などを歴任。1999年有限会社桝井論平事務所を設立、フリーの立場で講演やアナウンス活動を開始。

カバー・イラストレーション　五島聡
ブックデザイン　ohmae-d

Special　thanks
東京コミュニケーションアート専門学校の皆さん
kaai ／河相龍平　hirose ／廣瀬恵
MMatsuike ／松生都　chikira ／千喜良葉月
matsushita ／松下純玲　shihou ／ゼイシホウ
takahashi ／高橋理沙　yamada ／山田耕平
seki ／石 柳

上を向いて話そう

2016年11月15日　第1刷発行

著　者　桝井論平
発行人　高橋利直
編　集　小島宣明
業　務　岡田承子
発行所　株式会社ほんの木
　　　〒101-0047　東京都千代田区内神田1-12-13 第一内神田ビル2階
　　　TEL 03-3291-3011　FAX 03-3291-3030
　　　郵便振替口座00120-4-251523　加入者名　ほんの木
　　　http://www.honnoki.co.jp　E-mail　info@honnoki.co.jp
印　刷　近代美術株式会社
製　本　ナショナル製本協同組合
組　版　株式会社キンダイ

ISBN 978-4-7752-0097-1

〈お問い合わせ〉株式会社ほんの木
〒101-0047 東京都千代田区内神田1-12-13 第一内神田ビル2階
TEL 03-3291-3011　FAX 03-3291-3030　メール info@honnoki.co.jp